U0088479

居家常備の 大規模毀滅小兵器

BUILD IMPLEMENTS OF
SPITBALL WARFARE

MINIWEAPONS
OF MASS DESTRUCTION

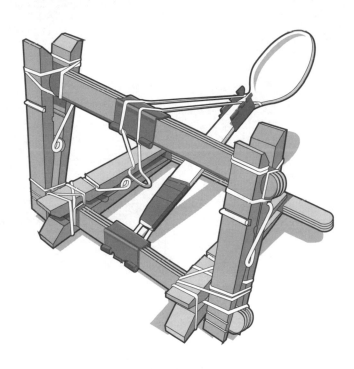

強·奧斯丁——著

楓樹林

此書寫給所有被玩得手斷腳殘、
被葬在無數不知名玩具箱底的小綠兵。
當然也要感謝買給我這些百折不撓的玩具兵的人：
親愛的爸爸Steve Austin。

放煙火喔！
衝鋒，開打啦！

目錄

引言

本書是一本由馬蓋先影集引發靈感的趣味書，附有豐富的插圖，引導大家將隨手可得的日常生活小物改造、組立成小巧可愛，卻又能打得唏哩嘩啦的小玩意。

這本禁斷知識的聖書還可以成為抵抗蠢動的殭屍、恐怖的外星人入侵的寶典。有充分的事前練習，就不會在遇到危急狀況時手足無措。書中所有的兵器都有清楚的材料清單、步驟分明的組裝過程，以及各種的變化組裝法。書末章節是標靶圖樣總集，讀者可以藉此增強小兵器的瞄射技巧。

這本書適合所有年齡的戰士魂。驗證物理定律、激發創造力、引領實驗精神、為想像力添油加薪。許多投石器、發射器都是具體而微的現實兵器，但是成本不高，所以就算是一群朋友一起動手，組一個大兵團也毫無負擔。

這本書的主旨是趣味。因為投射物體多少有其風險，請仔細閱讀安全警告說明，保護自身安全。

安全守則

　　天有不測風雲！在組裝、發射小兵器的過程中，請做好預防措施。任意更動材料、替換彈藥、組裝手法錯誤、操作不當、脫靶或者誤發都可能造成傷害。請為這些可能的意外做好準備。最重要的是，在測試這些玩意時要保護你的雙眼。

　　請留意周遭環境的旁觀者和易燃物，準備發射時也請小心。有些推進式發射裝置會使用瓦斯，請先遵照指示少量裝填，再逐步增加，直到有滿意的發射效果。十字弓和飛鏢都有危險的矢頭，用彈力發射的子彈都有超乎想像、可能導致傷害的力道。請勿對著人、動物或者任何珍貴傢俱擺設發射。

　　重要的提醒：這些手做的小兵器並不是精準模具所鑄，所以準確度有限，建議您影印書末的標靶協助校正。

　　本書裡也介紹了一些小「詐」彈，雖然名字唸起來似乎挺嚇人，不過實際上不會造成甚麼實際傷害。但是這些小玩意的聲音相當響，可能會造成聽覺不適甚至受損。*在玩這些炸彈時，請保護耳朵。*

在組裝和操作小兵器時請謹慎。請記住：作者、出版商和書店無法就近照顧你的安全。當讀者試射書中所介紹的各式彈丸箭矢時，請確實注意操作時的風險。它們不是玩具！

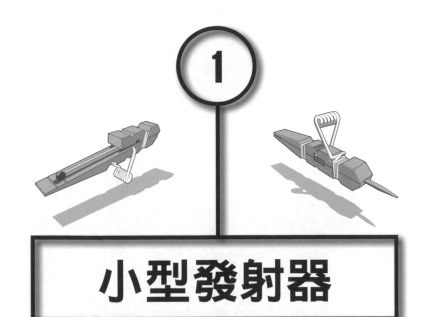

小型發射器

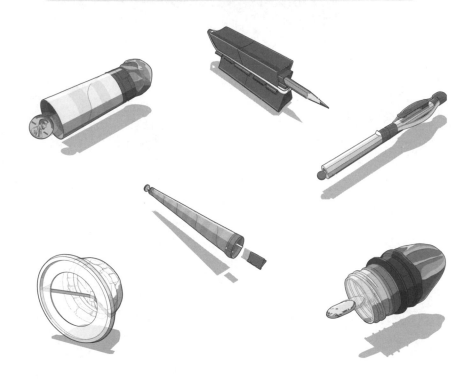

BB彈鉛筆手槍

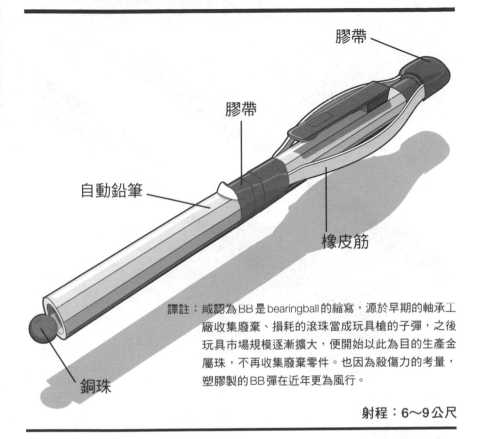

膠帶

膠帶

自動鉛筆

橡皮筋

譯註：咸認為BB是bearingball的縮寫，源於早期的軸承工廠收集廢棄、損耗的滾珠當成玩具槍的子彈，之後玩具市場規模逐漸擴大，便開始以此為目的生產金屬珠，不再收集廢棄零件。也因為殺傷力的考量，塑膠製的BB彈在近年更為風行。

銅珠

射程：6～9公尺

　　BB彈鉛筆手槍僅有口袋尺寸大小，用彈力發射單發BB彈。只需要很少的材料就可做出這把有優秀準度的機械式小槍。自動鉛筆的外觀依舊，乍看之下毫不起眼，簡直就是間諜必備的超棒隨身物品。

材料
1支便宜的自動鉛筆
1條粗橡皮筋
封箱膠帶或水管貼布

工具
護目鏡
剪刀或者美工刀

彈藥
10個以上的BB彈

步驟 1

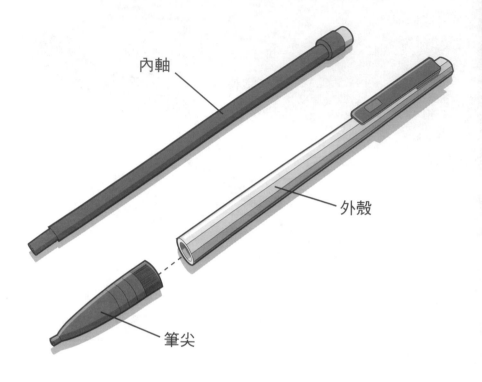

內軸

外殼

筆尖

　用暴力分解便宜的自動鉛筆，把內軸抽出來、筆尖折下來。如果無法徒手完成，就使用老虎鉗。折下來的筆尖可以扔掉。

　鉛筆的外殼就是BB手槍的槍管。確認一下，在拆開時沒有在裡面留下任何塑膠碎片。

步驟2

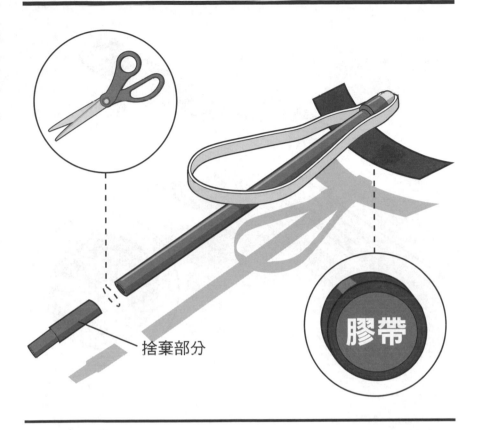

捨棄部分

膠帶

　　用剪刀或美工刀小心地把內軸的前端裁掉。這樣就可以留出放置BB彈的空間，在發射前也不會掉到地上。

　　接下來，用膠帶把一條寬橡皮筋牢牢固定在尾巴的橡皮擦端。如果橡皮擦還是新的、表面光滑，可以挖一道溝，增加與橡皮擦的接觸摩擦面積。

步驟 3

膠帶

將改造完的內軸裝回鉛筆的外殼之中。

　將橡皮筋拉到緊但未拉伸的程度，用膠帶牢牢固定。這把鉛筆手槍的所有故障意外都端看這個步驟是否確實，所以請仔細確定黏得牢靠。

步驟 4

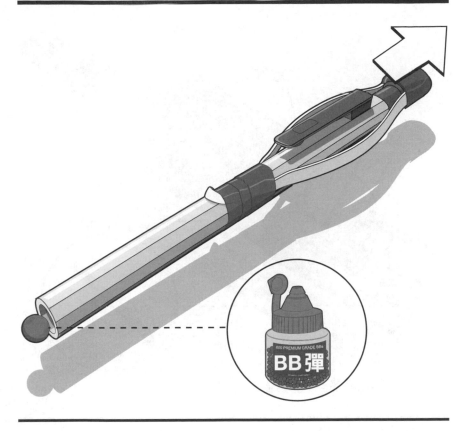

現在，你的BB彈鉛筆手槍已經完成。從槍口倒入一枚BB彈，小心地選擇目標。然後，拉退內軸，鬆手、發射，摧毀目標！

這個神奇的機械機構可以用超乎想像的力道射出彈珠，造成相當程度的傷害。我們必須鄭重再提醒一次：這種自家土製小兵器不見得非常準確，如果你想試槍的話，請參考第七章裡所介紹的簡單標靶。

進階改造

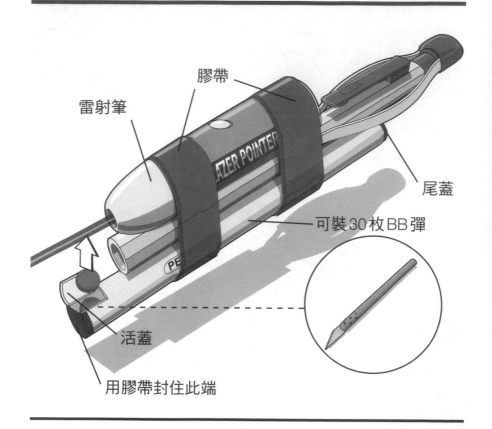

雷射筆
膠帶
尾蓋
可裝30枚BB彈
活蓋
用膠帶封住此端

LAZER POINTER

PE

加上幾個簡單部件，你的BB彈鉛筆手槍就可以具有雷射瞄準器和整合彈藥補充功能，卻一樣小巧。

找一個空的筆殼，在開口端切出一個BB彈寬度的小門，再用膠帶封住這一端。筆殼彈匣可以容納三十枚BB彈，輕輕一倒就可以快速地把一顆子彈裝進槍管裡。

接下來，用膠帶把彈匣、槍管和一支便宜的雷射筆固定在一起。準備開火前，可以打開雷射協助瞄準。

硬幣發射器

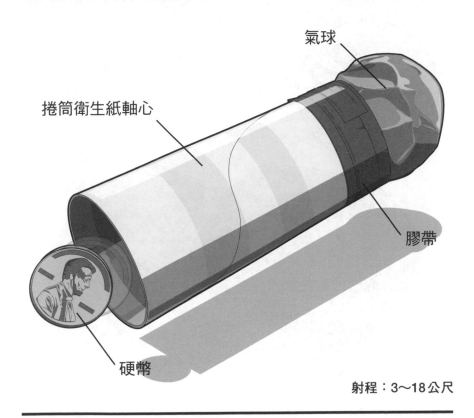

氣球

捲筒衛生紙軸心

膠帶

硬幣

射程：3～18公尺

所有人趴下！派對結束啦！

　硬幣發射器是便宜的彈力發射器，又有超長發射距離。只用氣球和捲筒衛生紙的軸心就可以做成槍身，除了發射出去的銅幣之外，你簡直花不到一塊錢。

材料
1個氣球
1個滾筒衛生紙軸
水管貼布

工具
護目鏡
剪刀

彈藥
1枚以上的硬幣

步驟 1

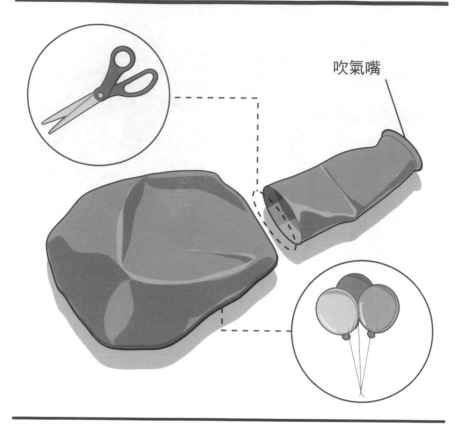

吹氣嘴

　　如上圖，用剪刀將一個普通尺寸的乳膠氣球剪半。可以把吹氣嘴扔掉，這次我們用不到。

步驟2

現在我們要做槍身。廁所用捲筒衛生紙的軸心是最理想的，但如果一時找不到，也可以用其他的空心厚紙軸來代替，例如紙巾、鋁箔紙、包裝紙、保鮮膜的紙軸。

把剛才保留的氣球頭端罩上紙筒，小心別弄凹。貼上膠帶固定之後，扯扯氣球，確定有黏牢。如果不夠緊，就把膠帶多加上幾圈。纏膠帶時，小心別壓扁紙筒，這會影響發射的效果。

步驟 3

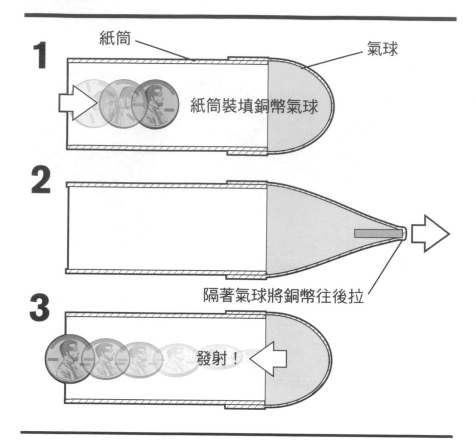

1 紙筒 / 氣球
紙筒裝填銅幣氣球

2
隔著氣球將銅幣往後拉

3
發射！

現在將銅幣從槍口倒進去，用手指隔著氣球，摸到銅幣後捏住。往後拉開氣球，避開旁觀者和易碎物品，小心選擇目標。一鬆開手就可以發射！乳膠氣球的彈性，會將銅幣以高速拋出。

如果想要增加準確度，可以使用長一點的紙筒。再者，雖然一開始說的是射硬幣，但你也可以用其他的小物來替換，如：橡皮擦、棉花糖、小紙團、文件夾、迴紋針、筆蓋、花生米、彈力球、小糖果等等。

如果氣球失去彈性，請勿再使用。

豆豆砲

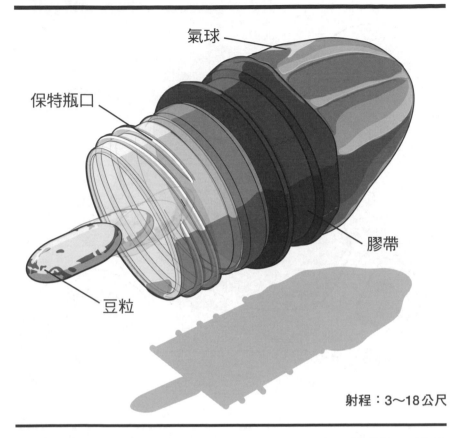

氣球

保特瓶口

膠帶

豆粒

射程：3～18公尺

　　利用乳膠氣球彈力的豆豆砲是一種完美的口袋武器。具備耐用的塑膠骨架和壓制火力，非常適合打帶跑戰術大師們發揮精準射擊的技術。

材料
1罐寶特瓶
1個氣球
水管膠帶

工具
護目鏡
隨身小刀
剪刀

彈藥
1個以上的豆子

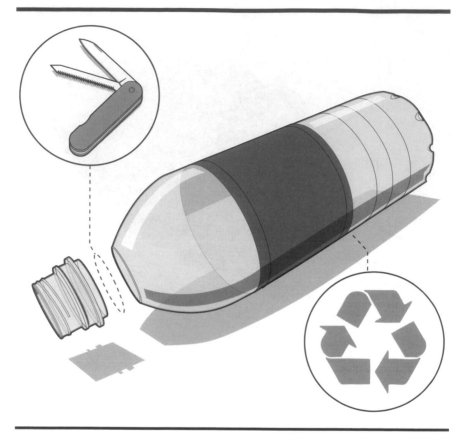

瓶裝水的年銷量高達兩千萬瓶，要找一個來做成豆豆砲的骨架是再容易不過。把回收廢棄物點石成金變成妙趣無窮的小兵器，真是個好主意，不是嗎？

用隨身小刀切下（或者鋸下）含螺紋的保特瓶口。別忘了要處理一下切口，把尖銳刮手的邊緣修一修。

步驟2

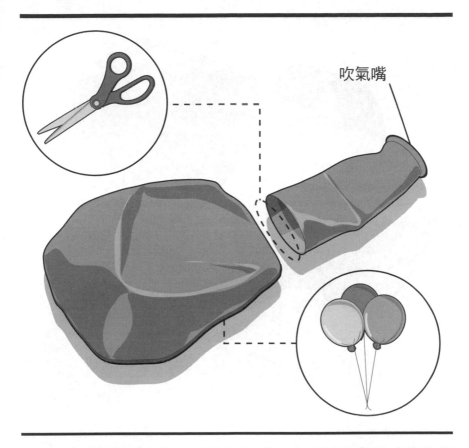

吹氣嘴

與硬幣發射器同樣，豆豆砲的威力來自於標準尺寸的乳膠氣球。用剪刀將氣球攔腰剪開，捨棄吹嘴那一半。

市面上的氣球可能有很多種不同的尺寸和造型。我們建議使用傳統的球形氣球，不過倘若讀者想試試看其他花樣的，也是無妨。

步驟3

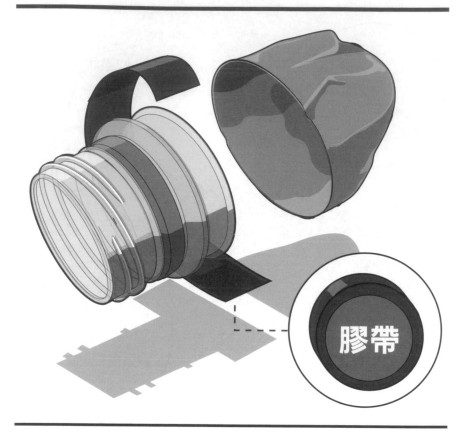

膠帶

　　將豆豆砲組裝起來，並不會費多少功夫。把留下來的半個氣球與裁下的瓶口用膠帶黏牢即可。剛剛步驟1提醒的，修整銳利邊緣的重要性就在此：避免割破氣球而導致發射功能異常。

　　組裝好之後，可以裝進一枚豆子、小橡皮擦或者花生米，隔著氣球用手指捏住，往後一拉一放就可以發射。記得，要展現神射功力時，請選擇安全的目標。

小型發射器

衣夾弩

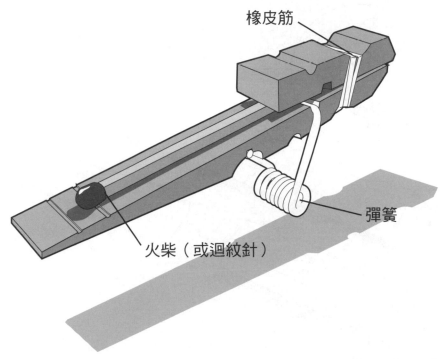

橡皮筋

彈簧

火柴（或迴紋針）

射程：約3公尺

　別懷疑！這種木頭曬衣夾歷久彌新，仍然有許多家庭愛用。找一個來，改造成可以發射火柴的弩砲，轟他個天花亂墜吧！

材料
1個木製曬衣夾
1條橡皮筋

工具
護目鏡
口袋小刀/瑞士刀

彈藥
1支以上的火柴或者迴紋針

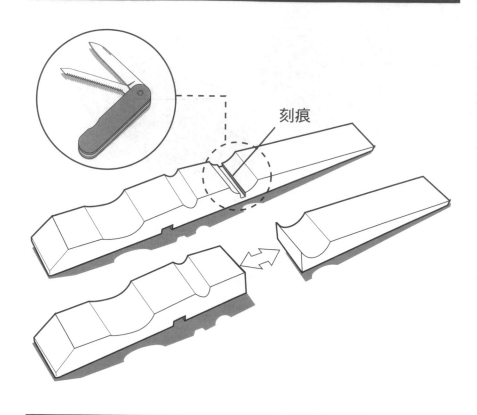

刻痕

將曬衣夾分解,將分開的兩片和金屬彈簧放在切割墊上。

首先,用隨身小刀的刀刃在其中一片刻出一道痕,如圖所示。慢慢來!你的手指可是比曬衣夾寶貝得多!

再來,依照上圖的示範,把另一片切成兩半。

步驟2

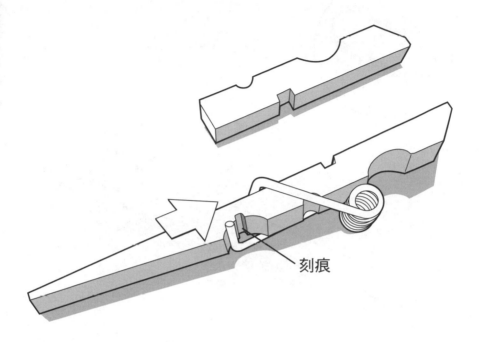

刻痕

　　將原來的彈簧緊扣在步驟1之中有一道刻痕的那一片上，
仔細比對圖片示範，安裝方向要正確。推到彈簧卡進刻痕之
中為止。如果刻痕淺到扣不住，就返回上一步，加強一下。

步驟 3

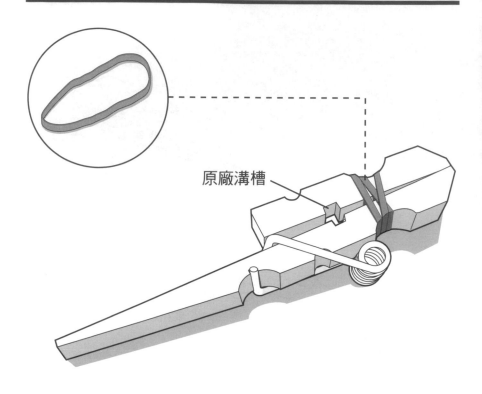

原廠溝槽

下一步驟：將裁短的一片疊上去，用原廠的溝槽作為對準的基準點。對好之後，綑上橡皮筋。

橡皮筋的緊度應該是不會鬆脫，也不會緊到滑不動、掰不開。要能活動到怎樣的程度呢？簡單的一個原則就是：上半部應該可以往前推到把彈簧卡在定位。

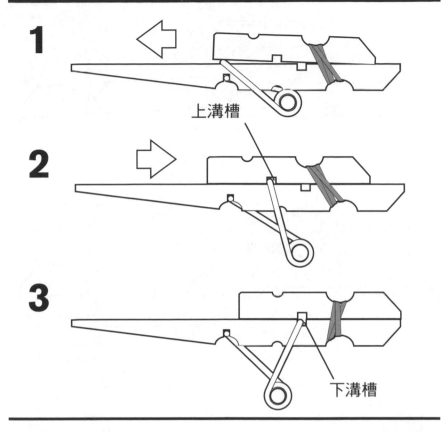

1

上溝槽

2

3

下溝槽

現在可以測一下上膛試射。將上半片往前推,直到原廠的溝槽抓到彈簧的金屬臂,慢慢往後拉回原位,讓金屬臂勾在下半片的溝槽之中。

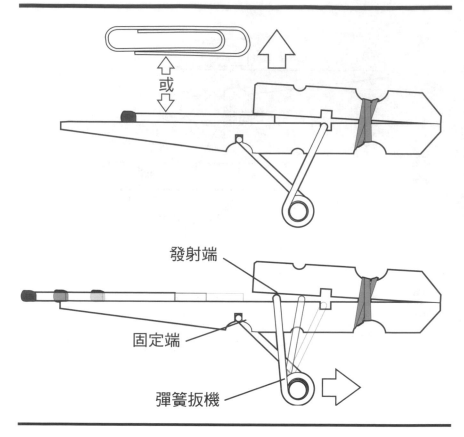

發射端

固定端

彈簧扳機

　　我們建議用火柴或者迴紋針當作子彈。將你選好的彈藥夾在上下兩半木片之間，接著可以大吼一聲「一轟上西天！」，勾一下扳機發射！

　　假使發射失敗、發射端沒有動作，卻是固定端鬆脫的話，一定是先前切的溝槽太淺、固定不住。這時就要回到前步驟，重新施工一次。

　　把火柴盒的摩擦片黏在承載面上，就可以在發射時引燃火柴，射出火矢（如果讀者選的彈藥是自燃火柴，請替換成一小片砂紙）。要玩火矢時，建議將火柴轉個一百八十度，頭端在後。更簡單的方法是先點燃火柴，再放上衣夾弩砲射出。請勿在屋內玩火！請將所有易燃物品清離現場，並記得一定要戴上護目鏡。

小型發射器

牙籤發射器

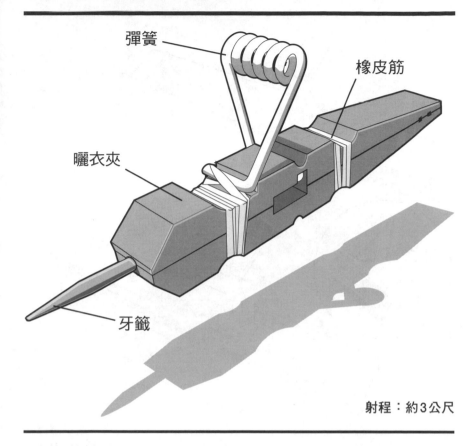

彈簧

橡皮筋

曬衣夾

牙籤

射程：約3公尺

　　以彈簧為動力的發射器體積雖小，卻能將牙籤像冰雹一樣重擊在目標上。

材料
1個木製曬衣夾
2條橡皮筋

工具
護目鏡
隨身小刀

彈藥
1支以上的牙籤

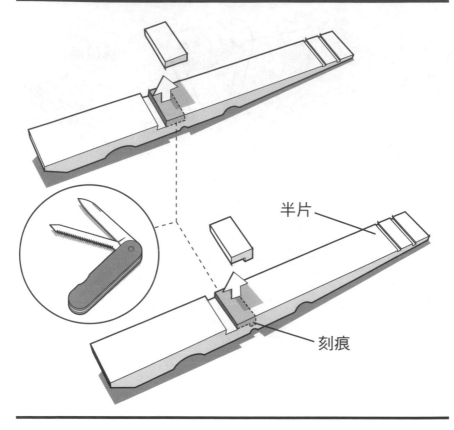

半片

刻痕

將曬衣夾分解成兩個半片以及一枚金屬彈簧。

　用小刀在這兩個半片上各修出兩道寬寬的橫溝，且其中一片還要加上一道挖得較深的刻痕。請參照圖片的示範，慢慢地完成這部分。記得，熟能生巧。

步驟2

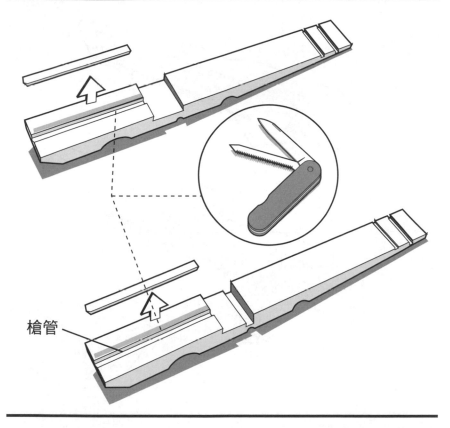

槍管

用隨身小刀在兩個半片上面修出直溝。記得選擇用得慣的刀刃,並且小心地施工。當這兩半對疊時,溝槽應該會構成一個略大於牙籤直徑的管道,這就是牙籤發射器的槍管。

筆直的槍管攸關射擊的準確度。所以在動手之前,先用直尺把切割線畫好。

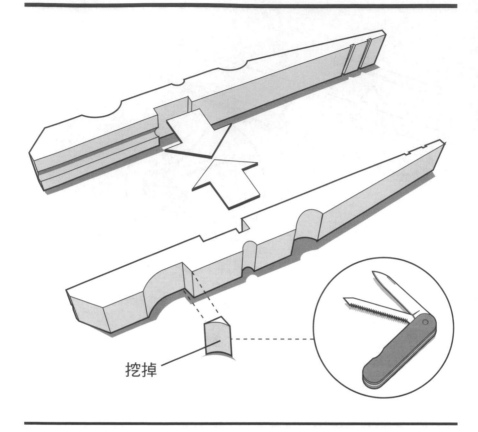

挖掉

在疊合這兩半之前，還有一個部分要挖掉。在下半片，原廠挖出曲線凹槽的位置，用小刀修出一個90度直角的斷面，如上圖所示。

步驟4

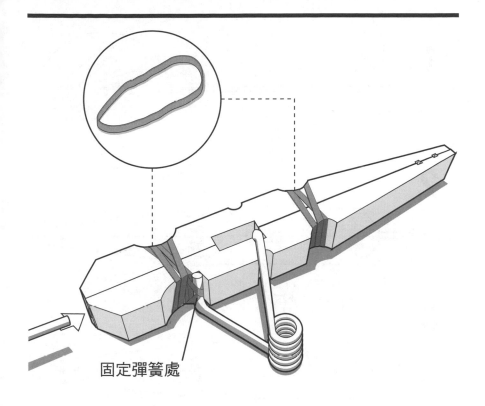

固定彈簧處

是時候來組合牙籤發射器了。將兩個半片的平面相對疊起，用兩條橡皮筋纏在原廠的兩個曲線凹槽位置來固定。用縫衣線代替橡皮筋也可以，但要注意，別纏到中間去，這個位置要留給彈簧運作。

接下來，如上面圖片示範，把彈簧嵌在整個結構的中間段。彈簧的一臂由橡皮筋固定在上一個步驟挖出來的直角斷面（將這裡的橡皮儘量束緊，才好固定），另一臂則是位在先前在中央段切出的寬溝之中。

步驟 5

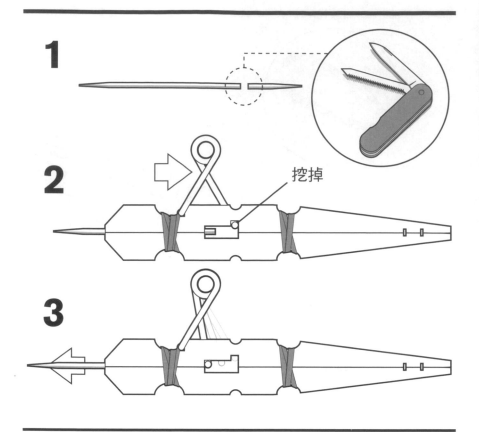

1

2 挖掉

3

在動手體驗成果之前,還需要把箭矢準備好。裁掉牙籤的一端(參考圖1),就成為你可用的子彈。(譯註:其實也買得到一端尖、一端鈍的牙籤。)

現在可以裝填、發射牙籤了。將彈簧扳開,固定在挖出的溝槽之中。扳開彈簧會有點難度,可能需要一手抓穩發射器、另一手把死硬的彈簧撐開、導到鎖定位置。將牙籤子彈的鈍端由槍口塞到底。將發射器對準一個無害的目標,用手指觸動扳機,彈簧就會將牙籤彈射出去。如果沒能射出去,應該就是中間的寬溝挖得太深了,要回到先前步驟,重新做一組挖得較淺的槍體。

請記得:安全第一。無論如何,你是在發射尖銳的箭矢。請記得戴上護目鏡,也請勿將發射器瞄準任何人。

厚紙筒發射器

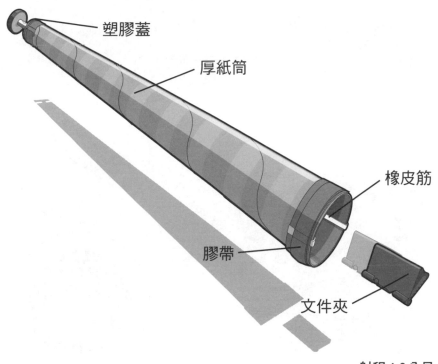

塑膠蓋

厚紙筒

橡皮筋

膠帶

文件夾

射程：6公尺

　　我們也把厚紙筒發射器稱作石彈發射器。這個設計具有廣泛的通用性，幾乎可以把所有種類的彈藥給發射出去。

材料

1個軟木塞
1枚迴紋針
水管膠帶
2條粗橡皮筋
厚紙筒
細線
2個牛奶瓶的塑膠蓋

工具

護目鏡
剪刀
隨身小刀

彈藥

1個以上的小型文件夾（19mm）

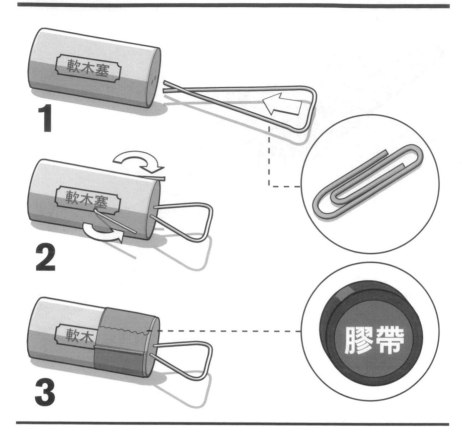

首先，找出尺寸相符的厚紙筒和軟木塞。軟木塞應該要比紙筒的內徑多小上一些，因為製作過程會讓軟木塞增大一些尺寸。

參考上圖1，將一枚迴紋針拉直之後再拗成U形，慢慢插進軟木塞裡。注意要讓迴紋針刺穿軟木塞側壁，從中段穿出。將穿出的部分往後拗，如圖2所示，固定好之後就不會在往後操作時鬆脫。

最後，用膠帶纏繞軟木塞，別讓迴紋針突出的部分刮傷厚紙筒的內壁。再進行下一步驟前測試一下，加工過的軟木塞應該可以輕易滑過整個厚紙筒。如果發現軟木塞卡在紙筒中間，就重做這個步驟。

小型發射器

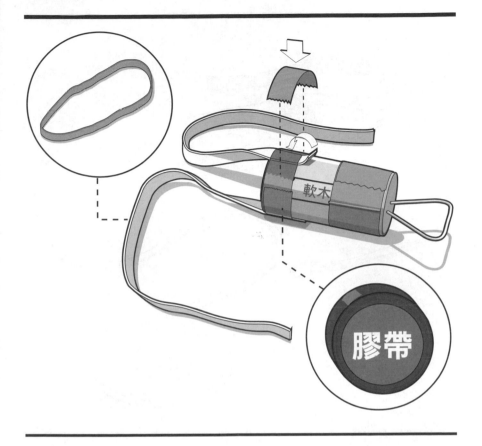

軟木

膠帶

　該來給厚紙筒發射器加上核心彈力組件了。用剪刀把兩條粗橡皮筋裁斷，並且修成一樣的長度，再以膠帶固定在軟木塞沒有迴紋針的一端。黏貼膠帶時，記得在貼第一道時多留些長度，反折回去再貼上第二道，這樣可以避免在操作時因為橡皮筋反覆變形而自膠帶鬆脫。這是耐用的關鍵點，所以請好好地貼牢。如果覺得還是不夠的話，可以用上釘書機。

步驟3

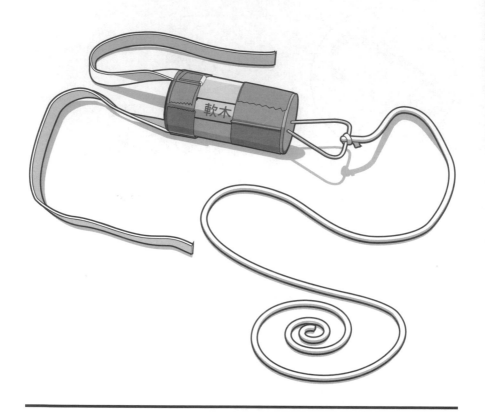

　　裁一段繩子，長度略長於厚紙筒；將一端綁在迴紋針上。在操作厚紙筒發射器時，這條繩子會承受不少張力，因此請確保它強度夠。再檢查一次打的結是否牢靠，你絕不會想遇到繩結鬆脫、讓你搆不著紙筒裡的軟木塞的狀況，屆時要拆開發射器會讓你一個頭兩個大。所以，請再三檢查。

步驟4

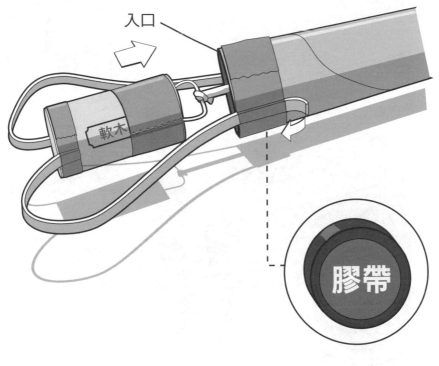

入口

軟木

膠帶

現在要把這個部件安裝到厚紙筒中了。將繩子縋進紙筒，帶著軟木一起塞下去。參考上圖的示範，用膠帶將橡皮筋兩個尚未固定端貼在厚紙筒的開口，兩兩平行。跟貼軟木塞一樣，多留一小段，反折回去再貼上第二道，確保這裡不會因為強大的拉力而發生意外故障。

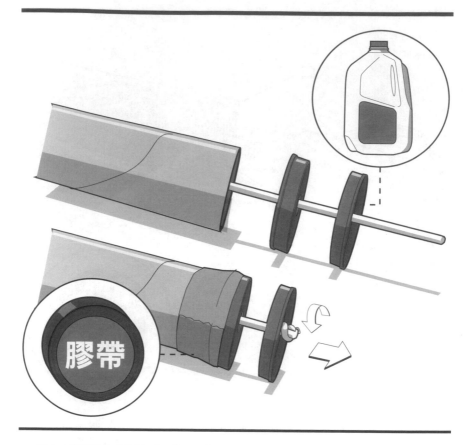

炮口端到此已經完成。我們現在來處理另一端。

　　拿出先前準備的兩枚牛奶瓶蓋，用隨身小刀在瓶蓋中心點處開個小孔。將兩個瓶蓋的平面側相疊，繩子穿過孔。用膠帶把扣在厚紙筒上的瓶蓋黏牢。

　　現在，從繩尾端慢慢拉，直到感覺橡皮筋微微張緊為止。把繩子打上幾個結，避免繩子溜回紙筒裡；如果當初開的孔太大、打的結還不夠固定的話，可以在打結時綁上一個大迴紋針。

　　把你想要發射的東西塞進炮口，然後把可以活動的牛奶瓶蓋往後扯。鬆手，看看你可以把它射得多遠！

砲槌

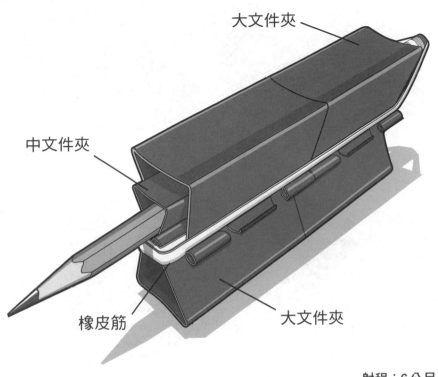

大文件夾

中文件夾

橡皮筋

大文件夾

射程：6公尺

　　砲槌是具有恐怖威力的兵器。它憑著本身的殘暴威力，可以毫無困難地刺穿無防備力的鋁罐。也因為有這樣的破壞力，操作這麼危險的兵器要格外小心。因為鉛筆的射出角度會有一些隨機的差異，砲槌的準度並不算很高。但也因為這樣的特性，在短距離的校準測試後，來一場長距離的射擊競賽會有極大的樂趣。

　　記住，絕不可把你的靶放在易碎的背景物上（例如：玻璃、薄木板、陶瓷器）。

材料
3個中型文件夾（32mm）
4個大型文件夾（51mm）
2條粗橡皮筋

工具
護目鏡

彈藥
1支鉛筆

步驟 1

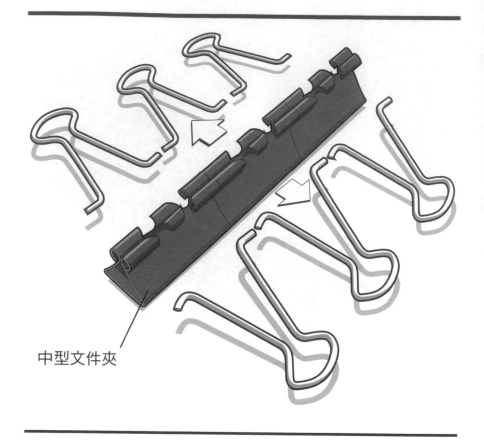

中型文件夾

用兩指從側邊捏住中型文件夾（32 mm）的金屬耳柄，就可以拆下來。我們不會用到這些金屬柄，所以可以把它們丟進回收桶。將拆掉柄的文件夾口朝上排成一列。

步驟 2

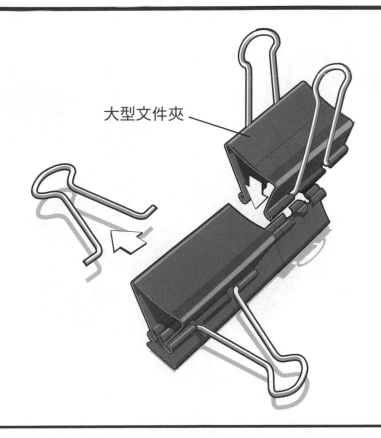

大型文件夾

下一步：用兩個大型文件夾（51mm）夾住這三個中型文件夾。夾好之後，他們會互相扣成一體，所以你可以拿起來掂一掂，確定它們有夾好。

夾好之後，捏住金屬耳柄的兩側，就可以把它們拆下來。

砲槌

步驟 3

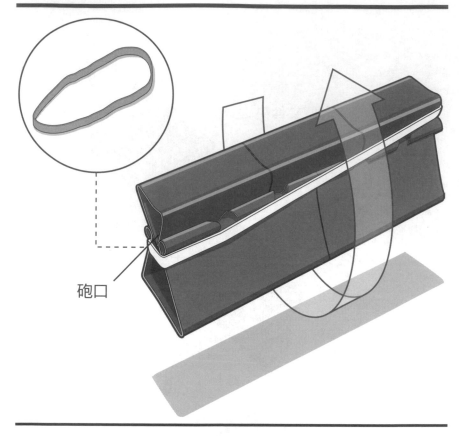

砲口

將這個組件翻轉，讓中型文件夾居上。

把粗橡皮筋扣上去。砲口端要淨空，而橡皮筋的另一側要蓋住砲尾端中型文件夾所構成的洞口。

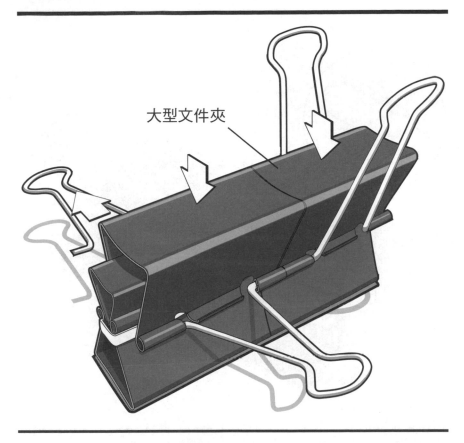

大型文件夾

接下來，把剩下來的兩個大型文件夾（51mm）夾在中型文件夾之上，如上圖所示。這兩個文件夾應該能夠把橡皮筋牢牢地固定住。

確定正確夾上之後，一樣把金屬耳柄拆掉。

步驟 5

　　只剩下最後一步了。將另一條粗橡皮筋扣在兩個大文件夾之上。這可以為砲槌增加更多結構支撐力，並避免文件夾滑動而造成解體。

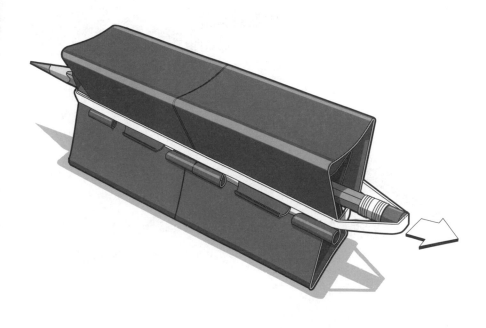

是時候來試試我們砲槌的威力了！將一支鉛筆（其他種類的筆也行）從砲口裝入。捏住筆的尾端，帶著橡皮筋往後拉，瞄準一個**安全**的目標物，放開手讓橡皮筋發揮作用。

除非你想要射穿鋁罐，否則未必要用削尖的鉛筆。尚未開鋒的鉛筆、簽字筆、螢光筆、沒除蓋的原子筆都可以拿來射。請參考第七章來製作各種安全目標物。

進階組裝建議

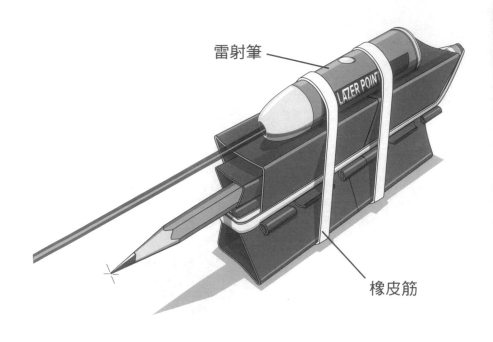

雷射筆

LAZER POINT

橡皮筋

要增強砲槌的瞄準性能，可以用橡皮筋把雷射筆綁在文件夾上。試射幾次，抓好雷射點和彈道／彈著點的關聯性，微調一下雷射筆的安裝角度。這個升級套件可以讓你更容易射中你的下一個目標。(請勿瞄準人畜！)

渦流產生器

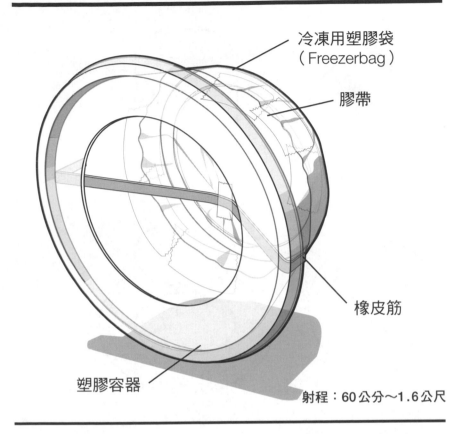

冷凍用塑膠袋
（Freezerbag）

膠帶

橡皮筋

塑膠容器

射程：60公分～1.6公尺

　　渦流產生器只有吹倒紙牌屋的威力。但是它也能應用在其他場合，例如吹滅生日蛋糕上的蠟燭、把煙吹散，甚至可以製造菸圈。讀者可以用不同口徑、不同深度的渦流產生器在各種場合自行實驗。

材料

1個有蓋的塑膠容器
1個冷凍用塑膠袋（封口袋）
1條橡皮筋
透明膠帶／封箱膠帶

工具

1個玻璃杯
1支馬克筆
1支美工刀
1個小碟子

彈藥

空氣

步驟 1

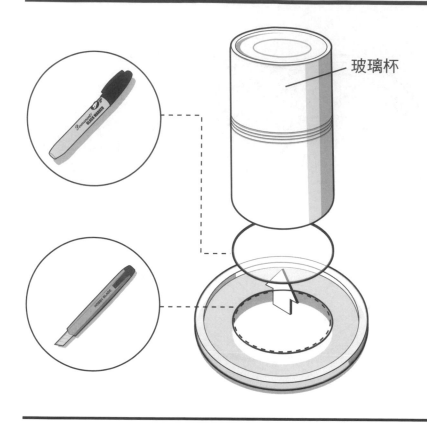

玻璃杯

　　將玻璃杯蓋在塑膠容器的上蓋，用馬克筆沿著外緣描出一圈。我們要把比這個圓小上幾公分的面積裁掉。使用美工刀進行這個步驟。

步驟2

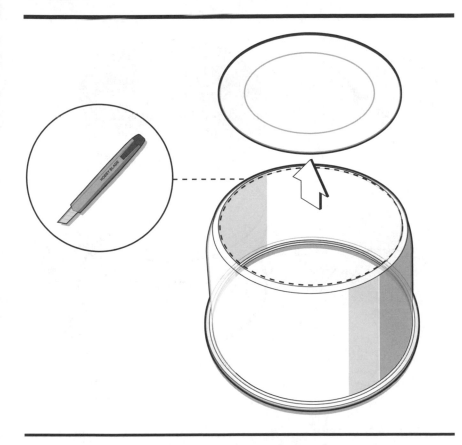

翻轉塑膠容器，讓底部朝上。用美工刀小心地將容器底沿著杯壁裁掉。容器的厚度會影響裁切的難度，施工時請小心慢慢來。

我們用不到切下來的底，所以可以把它扔進回收桶。

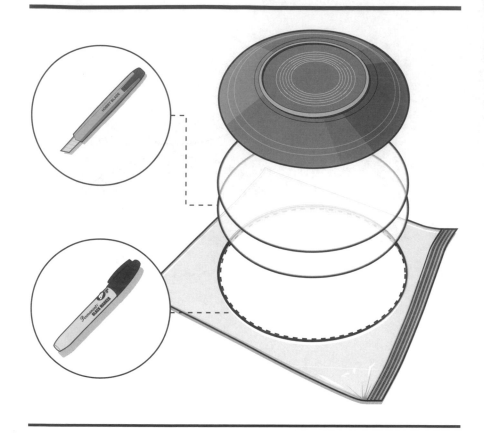

接下來，我們要來處理冷凍用塑膠袋。找一個夠大的袋子，還有一個夠大的碟子作為描邊的模具。怎樣才算適合呢？只要比上一個步驟我們用到的容器口徑再大上一點就可以了。

如果你選的容器相當大，找不到尺寸適合的冷凍用塑膠袋，用塑膠垃圾袋代替亦可。

用馬克筆沿著碟子在塑膠袋上描出一個圓，再用剪刀或者美工刀裁下來。我們只用得到一個塑膠圓膜，剩下的部分可以扔掉。

小型發射器

步驟4

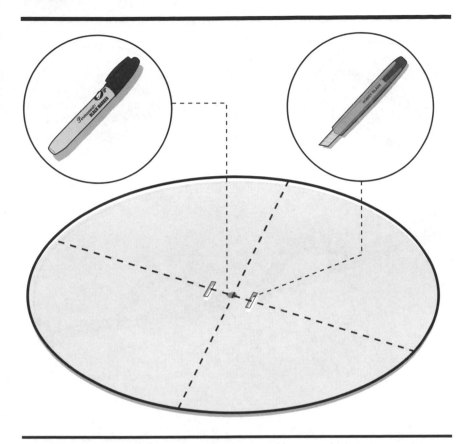

　　將塑膠袋折兩折，從兩次折痕的交叉點找到圓心。用美工刀在圓心兩側開兩道小口，如上圖所示。之後我們會將粗橡皮筋穿過這兩個切口，不必切得過大，大約等同粗橡皮筋的寬度即可。

渦流產生器

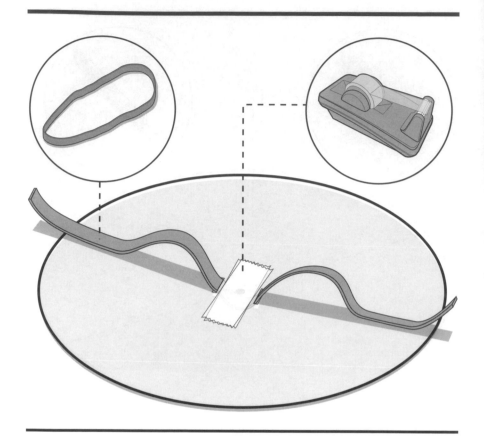

　　將粗橡皮筋剪開，穿過剛剛開的兩道小口。將橡皮筋置中對正之後，用膠帶在兩道開口之間貼上幾層，增加強度，避免未來使用幾次之後塑膠膜被撕裂開來。

步驟6

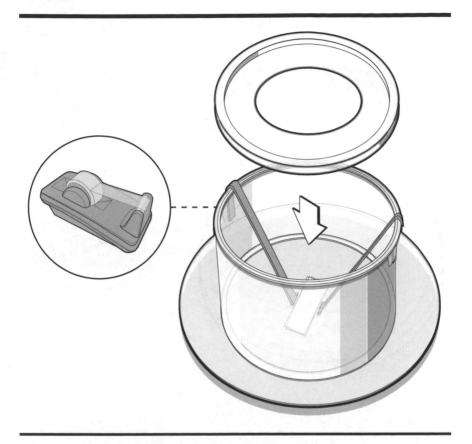

現在我們要把塑膠容器放在圓形塑膠膜上面，如上圖所示。將橡皮筋的兩端展開，置於容器的外緣，平行相對。用膠帶從外緣將橡皮筋黏住。

接下來，蓋上剛才加工過的容器上蓋。蓋上之後，橡皮筋應該會被牢牢夾住。倘若夾不緊，纏上幾圈膠帶使它牢固。

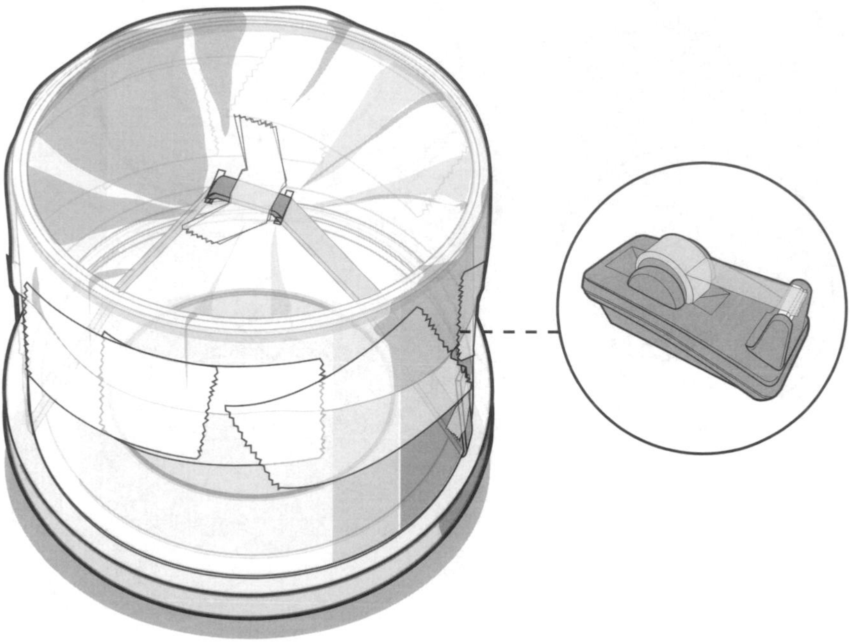

　把容器翻面，讓冷凍用塑膠袋包覆在容器外壁上。定好位置後就儘量貼上膠帶固定，多多益善。黏完之後，這部分應該會呈現氣密狀態。

步驟8

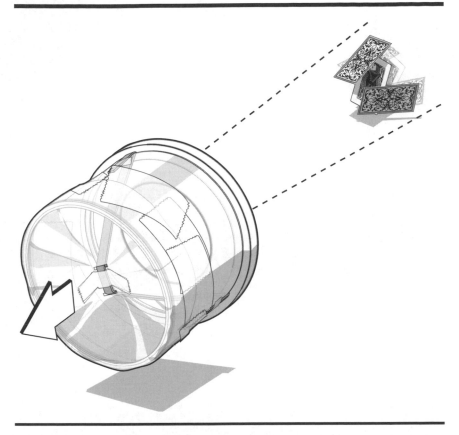

　　試射時間又來了！讓我們來「摧毀」些甚麼吧。把橡皮筋露出塑膠膜的部分往後拉，鬆手之後，就會產生一道渦流，朝著目標而去。

　　這個勞作的妙處是，不同尺寸和材料的容器會製造出不同的渦流效果，所以多多嘗試會更有樂趣。不同尺寸的容器：糖果盒、早餐麥片的筒形容器各異其趣。多找些同伴一起嘗試像這樣的物理科學日常實驗，惠而不費。

　　渦流產生器完全無害於人，但是使用美工刀時還是要多加留意。

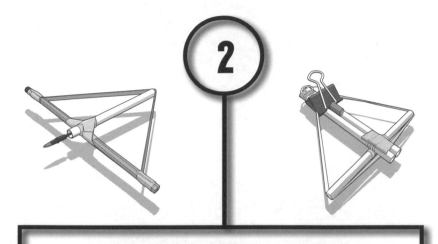

弓與投石器

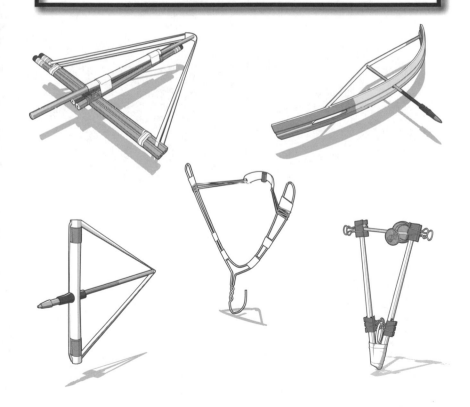

基本型十字弓

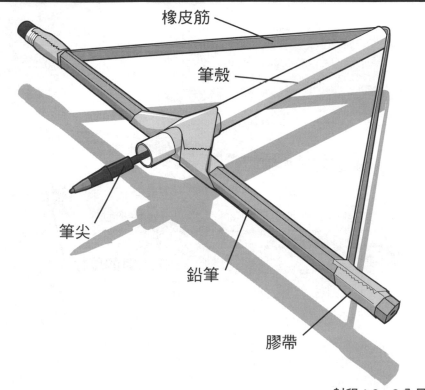

橡皮筋

筆殼

筆尖

鉛筆

膠帶

射程：3～9公尺

　　簡單就是棒！這個基本的單手十字弓只需要幾秒鐘就可以完成。小巧的尺寸、精簡的零件需求，是弓弩入門首選。用扣在筆殼身上的橡皮筋射出筆芯，便捷又容易。

材料
1支未開鋒的鉛筆
紙膠帶或者防水膠布
（後者效果較佳）
1條粗橡皮筋

工具
護目鏡
隨身小刀或者虎口鉗
剪刀

彈藥
1支原子筆

步驟 1

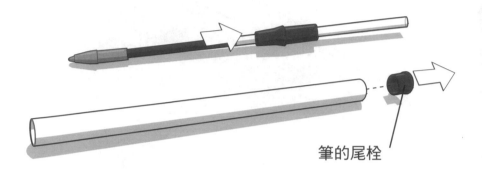

筆的尾栓

　　將一支塑膠原子筆解體。因為不同的筆構造有些差異，讀者可能會需要使用工具來把尾栓拔出來。可以用隨身小刀切下，或者用虎口鉗拔出。拆解之後比對一下，筆芯應該要比筆殼還長一些。如果比較之下筆芯沒辦法突出，就把筆殼裁短一點，這樣才能做出拉橡皮弦的餘裕。

步驟2

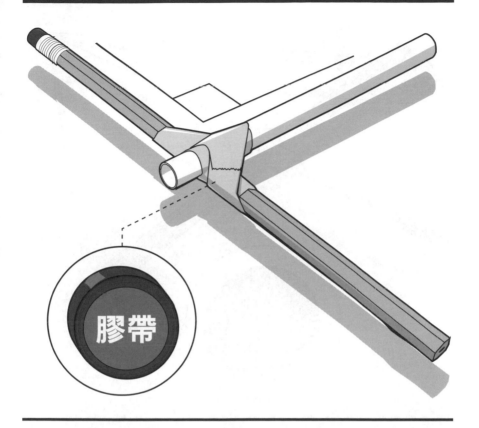

膠帶

　　將清空的筆殼架在未開鋒的鉛筆上，如上圖所示。注意要對正鉛筆長度的中心，前端稍微突出。對好位置之後，用膠帶纏繞固定。多纏上幾圈，讓定位穩固。二者交會呈九十度角是最理想的。

步驟 3

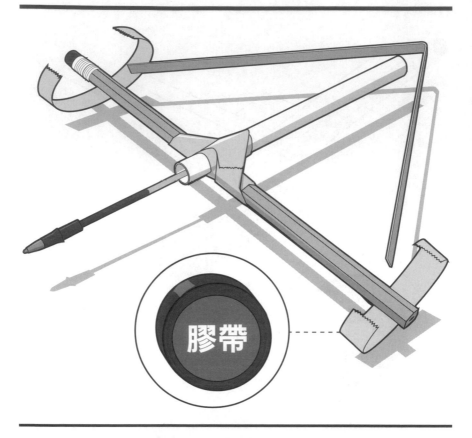

膠帶

　用剪刀把粗橡皮筋剪開。參考上圖，用膠帶把橡皮筋兩端固定在鉛筆的頭和尾。若要固定得更牢固，可先用橡皮筋在筆殼上打個結。

　現在，把筆芯從管口塞入（筆尖朝前），用手指把橡皮筋連同筆芯尾端往後拉，鬆手發射。因為箭矢的重量太輕，準確度相當有限。記得一定要戴護目鏡。

弓與投石器

文件夾十字弓

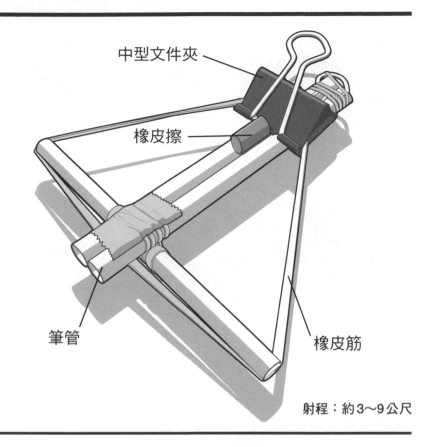

中型文件夾

橡皮擦

筆管

橡皮筋

射程：約3～9公尺

　　文件夾十字弓是一種通用型迷你武器，可以搭配各式各樣
的子彈。它可以維持上滿弦狀態，等待使用者掰開文件夾扳
機發射，就跟實際應用的十字弓一樣！成品可以用單手操
作，十分方便。

材料
3支塑膠原子筆
4條細橡皮筋
1個中型文件夾（32mm）
1條粗橡皮筋
膠帶（所有種類都合用）

工具
護目鏡
美工刀
虎口鉗（非必須）

彈藥
1個橡皮擦

步驟 1

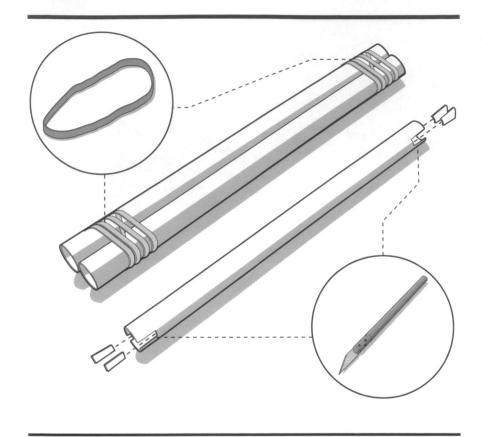

　　首先，拿起三支塑膠原子筆。拆下筆尖、筆芯、尾塞；如果無法徒手完成的話，可以用工具輔助。

　　用兩條橡皮筋將其中二支筆管束在一起。用美工刀在第三支筆管的頭尾兩端各切出兩個相對的凹槽，如圖所示。凹槽的寬度應該要能夠跟粗橡皮筋相合。

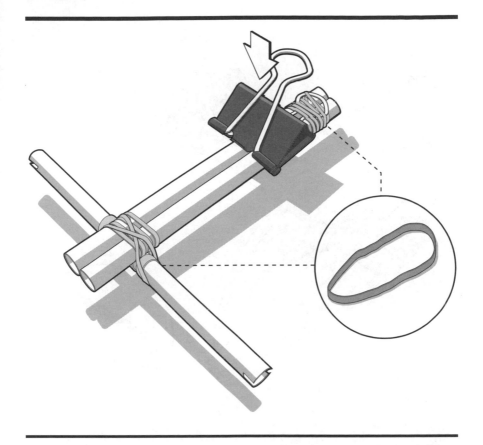

現在我們來進行初步組裝，從弩臂開始。將切出凹槽的第三支筆管枕在束好的兩支筆管下面，用橡皮筋固定，最好相夾九十度角。凹槽也要與兩支筆管構成的弩身相平行，如上圖所示。

接下來，在十字弓的尾端安裝中型文件夾：將文件夾置於雙管弩身之上，夾口朝前，用橡皮筋固定。只需要綁住跟弩身接觸的夾臂，上面的另一臂應該能自由動作，因此可以上弦、放弦。

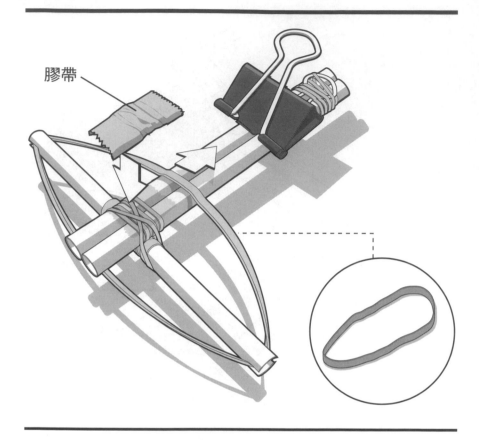

膠帶

　　將粗橡皮筋掛在第三支筆身上切出的溝槽上，然後往後拉，勾在文件夾的夾口內。用膠帶貼在弩身上纏繞的橡皮筋之上，讓發射的彈道平順。

　　現在，你的文件夾十字弓是上弦狀態，隨時可以鬆開文件夾發射。將我們建議使用的橡皮擦子彈放在文件夾前，按下文件夾的上臂就會放弦射出（可參考59頁的配置）。

　　操作文件十字弓時，請記得一定要戴上護目鏡。

弓與投石器

第二型十字弓

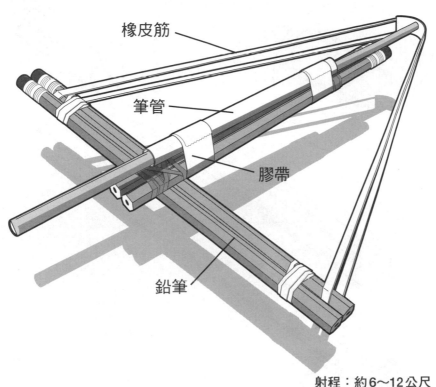

橡皮筋

筆管

膠帶

鉛筆

射程：約6～12公尺

　　第二型十字弓是這本書中弓弩類型的大型變化版。強化的結構、雙倍的橡皮筋彈力，讓它可以用來發射更大型的木籤弓矢。我們利用一支塑膠筆管來導引彈道，使它更易控制、瞄準。

材料
4支鉛筆
5或6條細橡皮筋
1支塑膠原子筆
膠帶（所有種類都合用）
2條粗橡皮筋

工具
護目鏡
美工刀（非必須）
虎口鉗（非必須）

彈藥
1支以上的烤肉用木籤

步驟 1

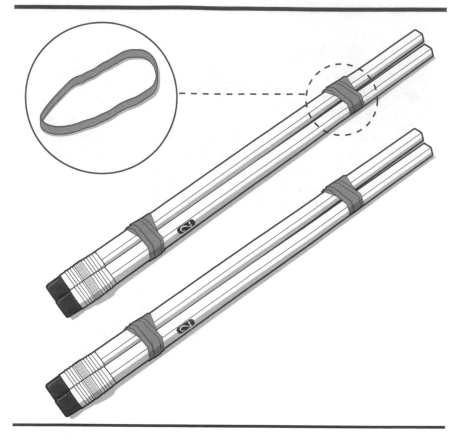

　　用四條細橡皮筋將沒削過的鉛筆兩兩成對束起。每一對應該要等長，並且要綁緊。

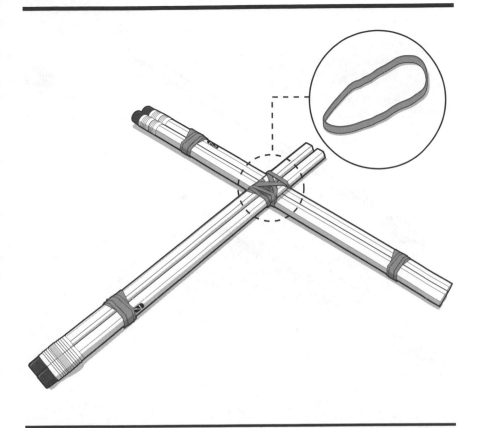

　　將這兩組鉛筆固定成十字架：將一組置於另一組鉛筆的長度中心點之上，稍微突出的一端作為十字弓的頭段。用一或二條橡皮筋把骨架綁緊定位。

步驟3

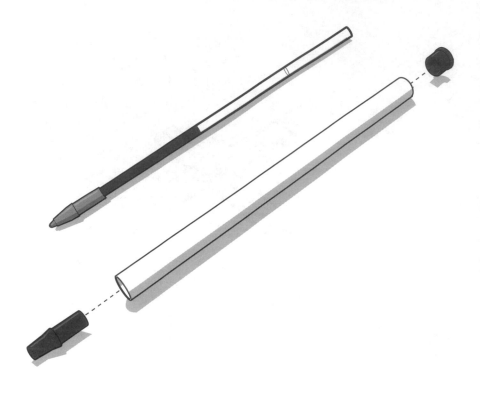

　　拆解塑膠原子筆。除去尾栓時可能會用得到美工刀或者虎口鉗。清空後的筆身會成為導引箭矢的膛管。其他部分可以捨棄（或也可以保留下來，用於71頁介紹的尺弓）。

步驟4

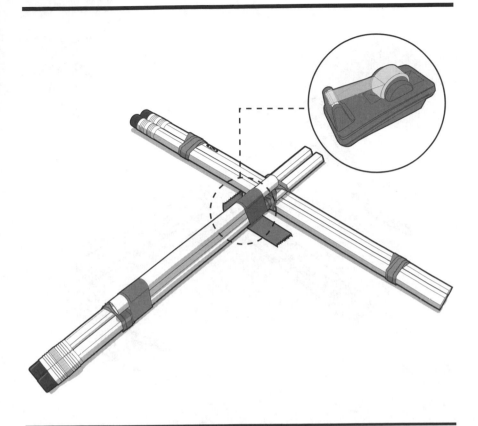

　仿照上圖所示，將筆管置於鉛筆弩身上，用膠帶纏牢。要注意的重點是：筆管要壓在橡皮筋綁固的位置之上，這樣膛管才不會被擋住。

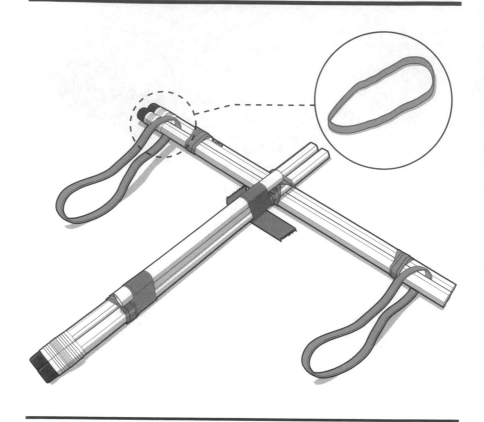

　將粗橡皮筋卡在橫置的兩支鉛筆之間的夾縫。如果卡不緊的話，在頭尾再加上一圈橡皮筋固定。這兩條粗橡皮筋會提供發射時所需的彈力。

步驟6

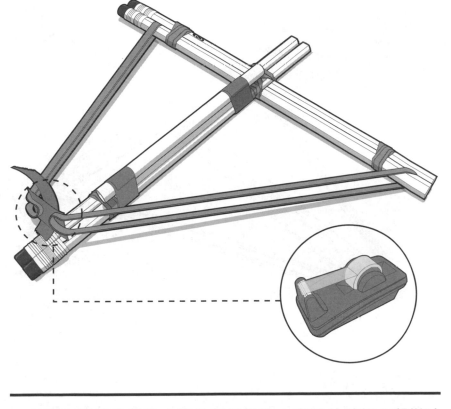

　　用強力膠帶將粗橡皮筋的尾端黏合。黏貼的時候，想辦法做出一個窩槽形狀，用來安置彈藥。黏合時會需要把膠帶反覆貼上幾次才夠牢固，不必求一次到位。做好後用手指把弓弦拉動幾次，測試是否夠牢固。

　你的第二型十字弓完成了！將烤肉用木籤從前端滑入筆殼中，連同橡皮筋一起往後拉，瞄準、發射。看，它可以射得這麼遠！

　記得安全守則，留意身邊的人，且不可以瞄準任何人。木籤通常都有尖頭，射出去相當危險。拿泡棉來當箭靶是好主意，不過也要注意不能把泡棉擺在易碎物品之前，免得錯失目標時打碎其他東西。如果第二型十字弓的橡皮筋呈現老化、失去彈性，就不要再使用。

尺弓

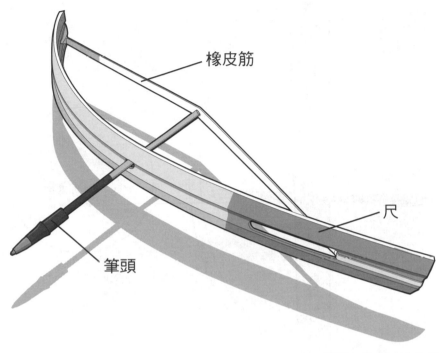

橡皮筋

尺

筆頭

射程：約6～12公尺

　　辦公室裏的現代羅賓漢門劫富濟貧：它們把閒置的文具用品做了最佳利用。想要扮演這位義俠，怎麼可以缺了一把相應的好弓呢？這把尺弓就是人類文明史上最基本的發明之一。同樣的原理其實也可以用於發射釘書針和小紙團，別小看它們，尺弓的射程和準度可都是很優越的。

材料
1條橡皮筋
1把塑膠尺（有開孔設計）

工具
護目鏡
剪刀

彈藥
1支原子筆

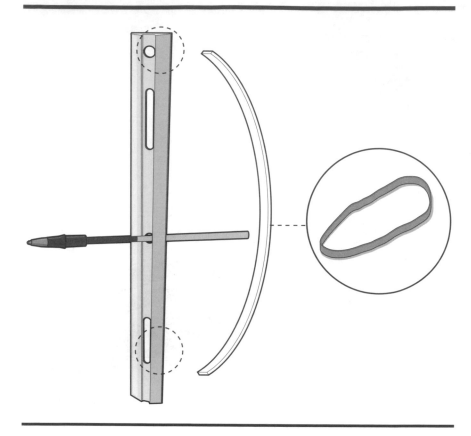

　　首先，用剪刀把粗橡皮筋剪開。穿過塑膠尺已經開好的孔上，打結固定。一個結不夠的話，可以打兩個。要用鐵尺或者木尺也可以，但是會需要另外鑽孔。

　　拆開一支塑膠原子筆，筆芯和筆尖會是這次我們用的箭矢。至於筆身，可以留下來做其他的勞作。

　　現在，可以宣布狩獵大賽開始！把筆心箭矢從弓身中心的孔插入，再連著橡皮弦往後拉。鬆手放弦就可以發射。

一筆弓箭組

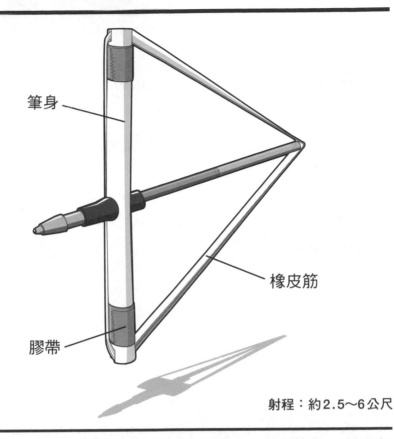

筆身

橡皮筋

膠帶

射程：約2.5～6公尺

　　就算是藍波，深陷敵區、手無寸鐵時也要靠勞作！他在經年累月的戰技磨練之中成為特戰大師，讀者們也可以跟隨本書的指導，成為勞作高手。這組特製的弓箭組可以作為長距離瞄準練習的器材，把書末所附的標靶影印幾份，跟好朋友們較量一下，看看誰是現代羅賓漢。

材料
1條粗橡皮筋
防水膠布

彈藥
1支塑膠原子筆

工具
護目鏡
美工刀
虎口鉗（非必須）

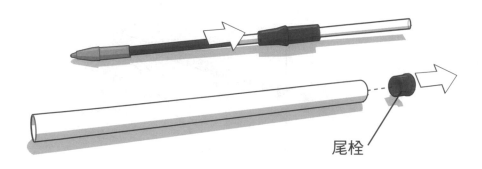

尾栓

將塑膠原子筆拆解成幾個細部。除非你常常咬筆桿,否則尾栓通常是緊到需要用工具的輔助來拆卸。用美工刀或者小鉗子應該都可以處理。把這些零件好好留著,跟先前我們介紹的勞作不同,這次我們不需扔掉任何東西。

步驟2

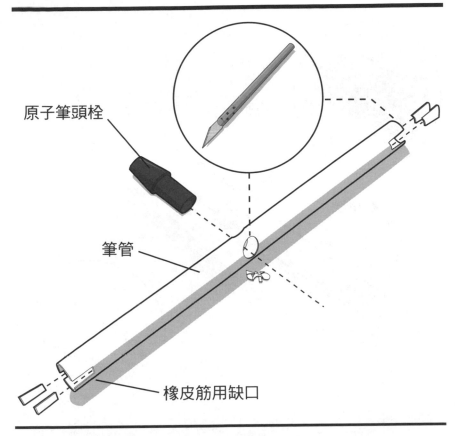

原子筆頭栓

筆管

橡皮筋用缺口

用美工刀在筆管上開兩個直通相對的圓孔，口徑要讓原子筆的頭栓剛好合上。孔開得太大會減損筆管的結構強度，之後在操作時恐有折斷之虞。

接下來，在筆管的兩端各切出兩道溝槽。溝槽與筆身上已開好的圓孔應該對齊，如上圖所示。

步驟 3

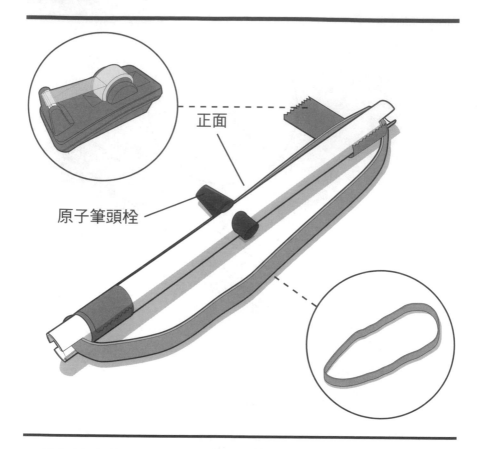

正面

原子筆頭栓

將粗橡皮筋卡進頭尾的溝槽之中。將正面拉稱（在這個步驟，任選一面即可，固定好之後正面就會確定下來），再把膠帶纏在靠近溝槽的位置固定住。只需固定橡皮筋位於正面的部分，背面要留空間，才能在操作時發揮充分的彈性。

接下來，將原子筆的頭栓塞進在筆管上開的孔。頭栓會在發射筆芯時提供穩定的支撐。如果覺得有鬆動，就補上適量的膠帶。將橡皮筋撥到一邊，不要擋住頭栓的洞。也可以用膠帶綁定，免得橡皮筋又彈回、蓋住頭栓。

弓與投石器

步驟4

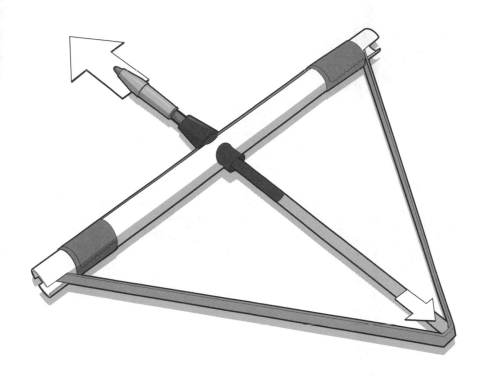

　　一筆弓箭組完成了，讓我們來試射看看！將筆芯從正面滑入頭栓之中，連著橡皮筋向後拉。拉滿弓後鬆手，享受一下箭矢在空中飛行的一瞬間。

　　請謹記，自製的發射器有可能會誤射，或者導致其他預期以外的狀況。在發射之前，請先整理出一個可以放心操作迷你武器的環境。

另類組立法

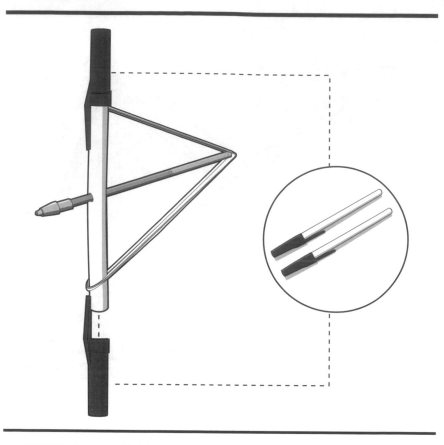

　　標準版本是在筆管兩端開出兩對溝槽。在這個版本中，我們以兩個筆蓋來替代。套上筆蓋，卡住橡皮筋的兩端，還可以再加上膠帶，捆得更牢。拆解原子筆、在筆管上開洞的步驟仍然不可少，這樣子才有空間在發射前安置筆芯箭矢。

吊衣架彈弓

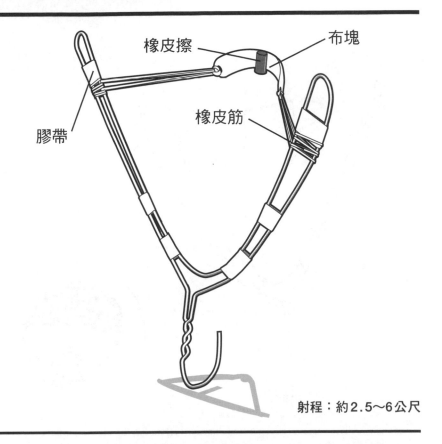

橡皮擦　　　　　　　　布塊

膠帶

橡皮筋

射程：約2.5～6公尺

　　每位神射手都該有一把可靠的彈弓。持之以恆地練習，你將會對手持版投石機的藝術駕輕就熟。這個自製的彈弓具備強固的金屬骨架、兩束橡皮筋的彈力可以將彈丸以高速射出。先祝你順利找到好目標！

材料
1個金屬吊衣架
封箱膠帶或防水膠布
布塊
4條橡皮筋

工具
護目鏡
剪刀

彈藥
1個以上的橡皮擦

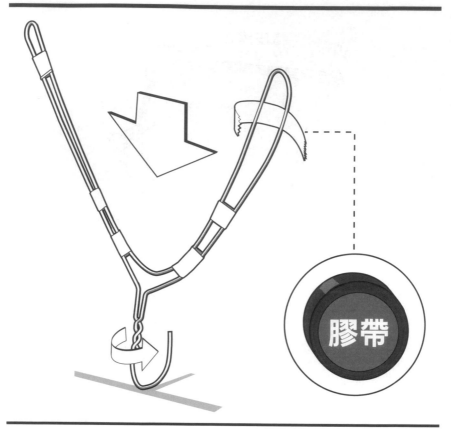

膠帶

　　只要把底部的橫槓往鉤子推，就可以將衣架改造成Ｙ形的骨架。雛型出來之後，用膠帶在多個點上纏繞加強結構，避免之後射擊操作時骨架變形。

　　接下來，把衣架的鉤子拗超過九十度。這就是供人握持的把手。

步驟2

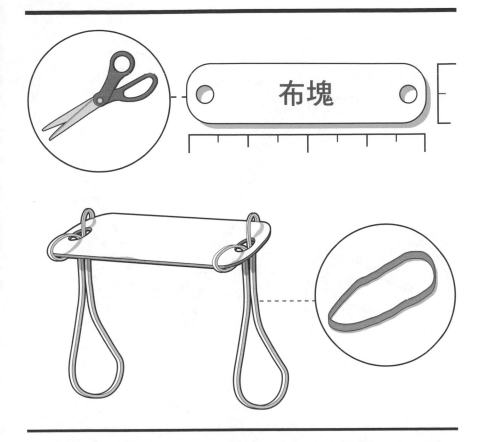

布塊

　現在我們要來做彈弓的彈丸袋。從抹布、破舊衣物上剪下一小塊，長寬大約5x1公分，兩端修圓、不要留角。用尖錐在布塊的兩端各穿一孔。

　將橡皮筋從孔中穿過，再穿過自身的環心，如上圖所示。拉緊之後，自然會產生出一個橡皮筋結。

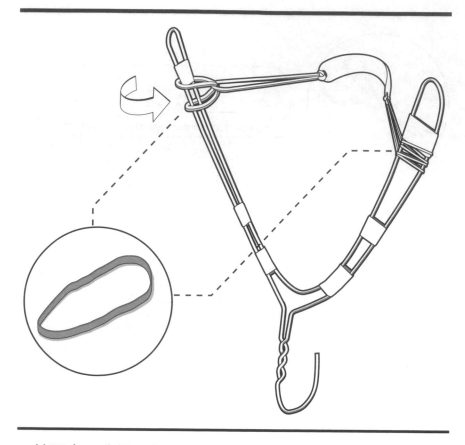

接下來，我們要把彈力弦安裝在彈弓骨架上。另外準備兩條橡皮筋，分別穿過已在彈丸袋上打好結的橡皮筋中心環，再套在骨架的上分岔上繞緊。如果覺得不夠牢靠，可以使用膠帶，或再另加上橡皮筋強化。

完成此步驟之後，將彈丸袋往後拉拉看，確認手感扎實、沒有零件鬆動。把彈丸搭上，拉滿弦，便可以發射。切記：即便想要瞄準，也不可以用眼睛正對著彈力弦的延伸線。倘若橡皮筋變硬、脆化，或者出現缺損，就要立刻替換。射擊彈弓時，一定要戴上護目鏡。

鉛筆彈弓

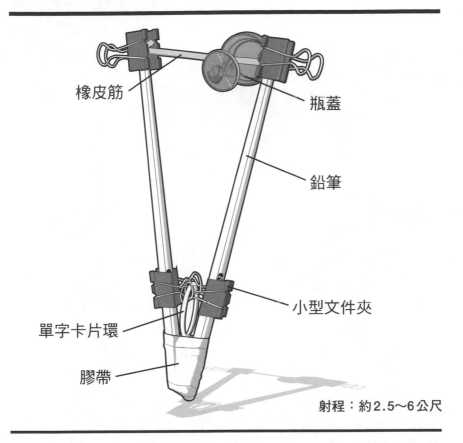

橡皮筋

瓶蓋

鉛筆

小型文件夾

單字卡片環

膠帶

射程：約2.5～6公尺

這款袖珍玲瓏的彈弓，可以隨時隨地組合起來，射些甚麼玩意來排解一下憂鬱。小巧的尺寸，可以用不可思議的速度彈出小銅幣。鉛筆彈弓的設計十分耐用。

材料
1個塑膠瓶蓋
1條粗橡皮筋
4個小型文件夾（19mm）
2支鉛筆
1個單字卡片環
防水膠布

工具
護目鏡
美工刀

彈藥
1枚以上的硬幣

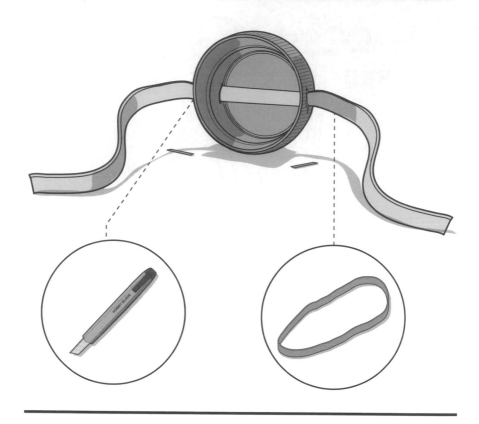

第一步是製作彈丸袋。用美工刀在塑膠瓶蓋的相對兩側各切穿一道縫隙，開口大小大約與橡皮筋的寬度相等。

接下來，把橡皮筋裁斷，從這兩道狹隙中穿過，讓瓶蓋位於整條橡皮筋的中心點。

步驟 2

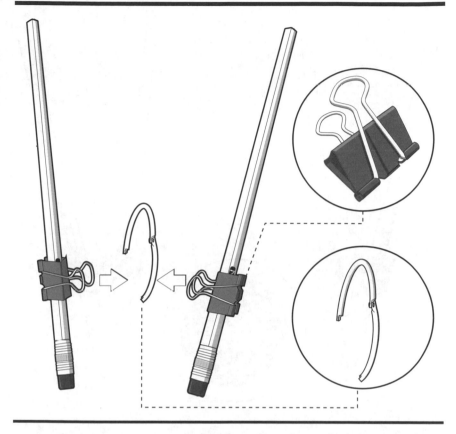

　　現在我們要架起鉛筆彈弓的骨架。在兩支未削過的鉛筆上各夾上一枚小型文件夾，位置大概在筆身下 ¼ 的位置。

　　接下來，使用卡片環繫住兩個文件夾的金屬耳，再把環扣起來。

步驟3

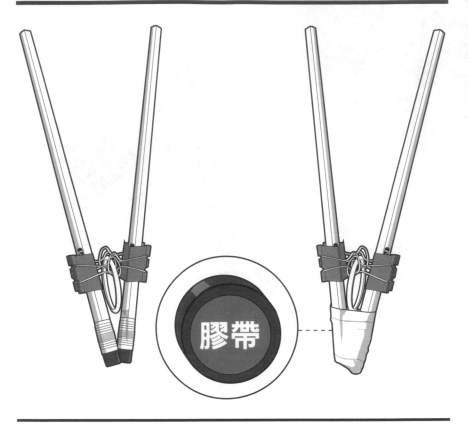

膠帶

　　下一步要把鉛筆固定。如圖所示，讓兩支鉛筆尾端的橡皮擦相觸，捆上膠帶。注意維持兩支鉛筆對齊在同一平面上，不可讓它們交疊，如此彈弓結構才會強固。

步驟4

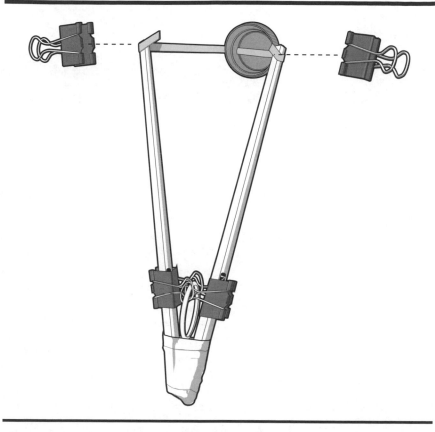

　　現在我們要把彈力機構安裝上這兩支鉛筆構成的骨架上。將橡皮筋的頭尾兩端各自纏上鉛筆頭端，夾上文件夾固定。夾好之後，拉拉看，檢查橡皮筋是否穩固。如果察覺到有鬆動，可以加上膠帶強化固定力。

　　確定所有的部分都運作正常之後，挑個目標，開始享受射擊的樂趣吧！

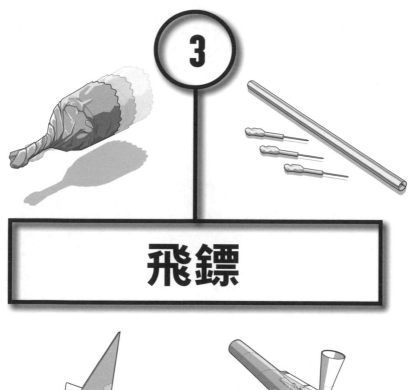

3

飛鏢

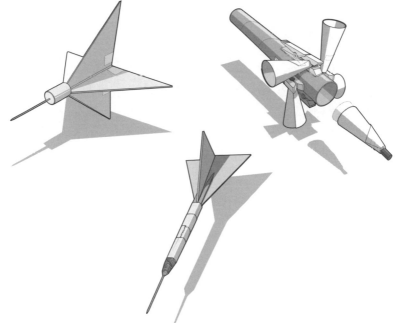

泡泡糖飛鏢

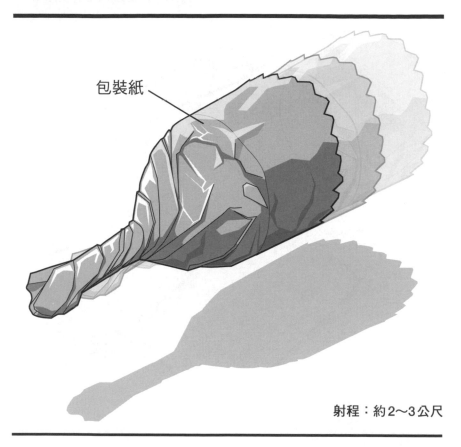

包裝紙

射程：約2～3公尺

　　口香糖飛鏢是「草木竹石皆可為劍」的實際體現。雖然只能飛個十呎不到的距離，但這個微型飛彈只要幾秒鐘就可以做好。不妨試試看這個玩意，大俠飛鏢隨手拋、射完口中吹泡泡！

材料
泡泡糖

工具
護目鏡
你的手指
你的嘴

彈藥
1張泡泡糖包裝紙

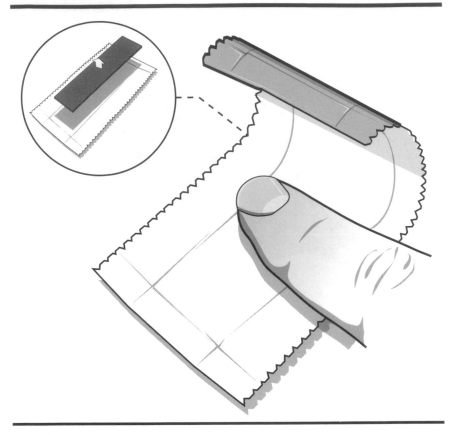

　　準備一份泡泡糖。把鋁箔包裝紙攤平，不要留下折紋或皺紋。至於泡泡糖，就塞進嘴裡好好享用。

步驟2

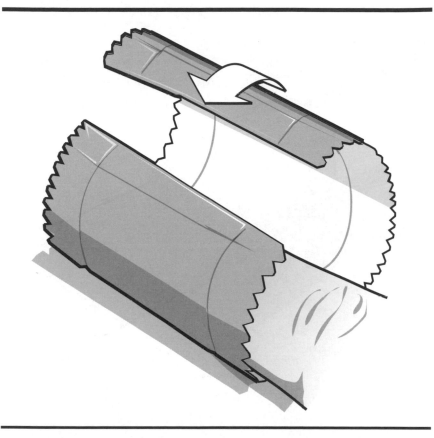

　　把手指頭點在攤平的鋁箔紙中間，鋁箔紙繞著手指捲出一個圓筒。不需要尖端的太空科技，你也可以做出一個簡單的火箭筒身。

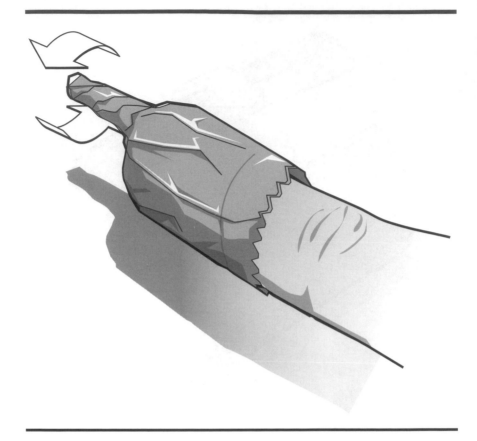

　　順著捲成紙筒的方向,把鋁箔紙扭緊,做出一個尖端。

　　小心地把手指從圓筒鏢身裡抽出。用嘴輕輕含著泡泡糖飛鏢,只讓鏢頭露出;小心別壓扁了。用鼻腔深深吸氣,把泡泡糖從口中用力吐出。你將會目睹圓筒鏢身承載著泡泡糖的力道,飛越整個房間。

　　準確度很難保證,不過多練習之餘就會有所增進。千萬別瞄準別人喔!

鞋帶飛鏢

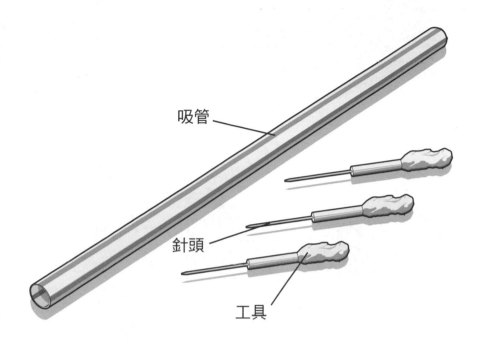

吸管

針頭

工具

射程：3～6公尺

　　一般人都管它叫做吸管，不過識貨的行家都知道這其實是吹箭。這樣不起眼的吹箭可以射出把氣球射爆的針頭飛鏢！只有一點美中不足：需要有人捐出鞋帶的尾端來製作這些兵器。（譯註：現在很多紙盒、紙袋的提把也可以拿來運用，不一定要用鞋帶。）

材料
1條以上的鞋帶
1個以上的大頭針
1根吸管

工具
護目鏡
剪刀

彈藥
組裝而成的飛鏢

步驟 1

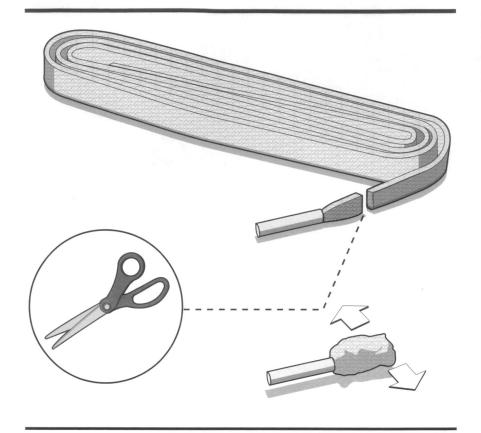

　　發動攻勢前的第一步就是：剪斷別人的鞋帶！用手指捻開鞋帶頭的編織纖維，小心別弄壞塑膠束環（也有人管它叫做箍環）。蓬鬆的纖維會成為飛鏢的尾端，讓飛行軌道平順，利於控制與瞄準。

步驟 2

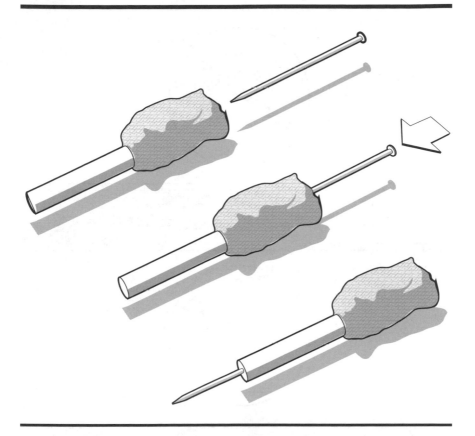

現在要幫飛鏢安上箭頭。在這裡,我們用筆直的大頭針。最理想的狀況下,可以將大頭針直接從尾端捅穿整個鞋帶端,針頭直接透出。如果無法以徒手之力完成,可不要使出洪荒之力,這可能會讓你的指頭被刺到流血。請用鉗子隔著編織纖維夾住大頭針,再用力推進去。

如果箍環緊到依然無法從尾端直接推入,我們就換個方向來做。先從頭端把大頭針刺進去,把洞開通出來,再反過來從尾端把針塞入。不要用針頭「挖」鞋帶,這會把整個結構搞得鬆垮,以至於固定不牢。

無論你用甚麼方式完成,最後的成品應該都是被箍環扣緊的針頭,突出於鞋帶飛鏢的頭端。

步驟 3

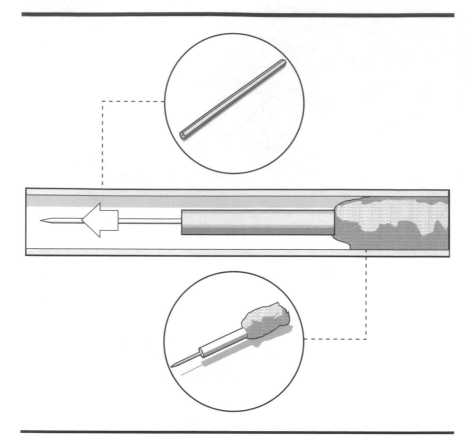

　　現在，將做好的飛鏢填進吸管，針頭朝著發射方向。以嘴唇輕嚙著吸管，瞄準。深呼吸、急速吐氣，將飛鏢射出。

　　請謹記：你口中含的吸管裡有一枚尖銳的飛鏢，**在發射前絕不要吸氣**。請留意射出的後果，所以好好遵守發射守則：一定要戴上護目鏡，並且**避開其他旁觀者**。

橡皮擦飛鏢

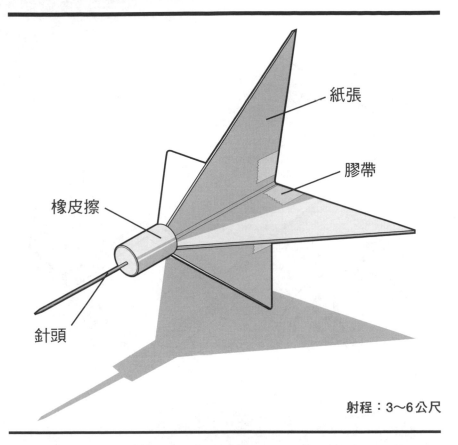

紙張

膠帶

橡皮擦

針頭

射程：3～6公尺

　　武林動盪，兵器譜排名數度更迭，到最後只剩小李飛刀。李尋歡退隱江湖之後不知所終，但絕學怎可以就此失傳呢？不過一開始就拿刀，實在太危險了，讓我們先從飛鏢開始練習吧。

　　大家帶著自己做的飛鏢，地板上畫一條線，站在線後各憑本事；磨練技術、競賽同樂，我們也可以排出自己的兵器譜排行榜。

材料
1張紙
1個鉛筆尾端橡皮擦
1枚大頭針
透明膠帶

工具
護目鏡
剪刀
隨身小刀

彈藥
組裝而成的飛鏢

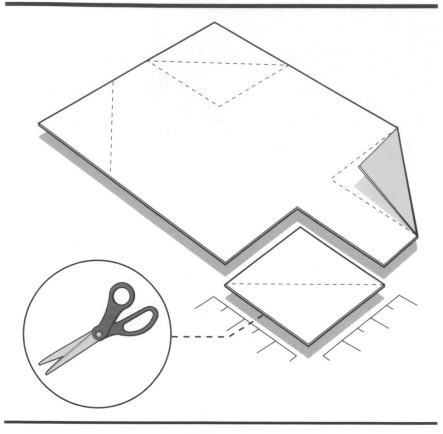

　　首先，我們要來做飛鏢尾端的穩定翼。拿一張紙，把一角折出兩邊長6.35公分的直角三角形。沿著往內折的邊裁下來，就會是一個正方形。這就是我們製作一枚飛鏢需要的量，還想做更多的話，就照這個方式剪出更多正方形紙片。

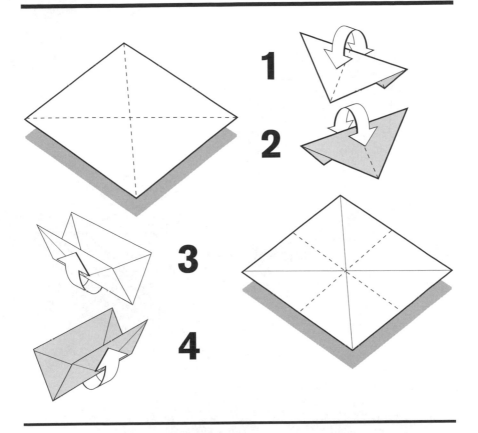

　　把正方形漂漂亮亮地裁出來之後，我們要再把它折幾折。
這些步驟跟第六章會介紹的水炸彈類似（請參考 207 頁）。
先將正方形紙片沿對角折成直角等腰三角形，兩個對角各折
一次，如上圖所示。

　　接下來，再沿邊線各對折一次。這樣子會在紙上留下在正
中交叉的米字折痕，如上圖所示。這些折痕會在下個步驟中
成為重要的對齊線。

步驟 3

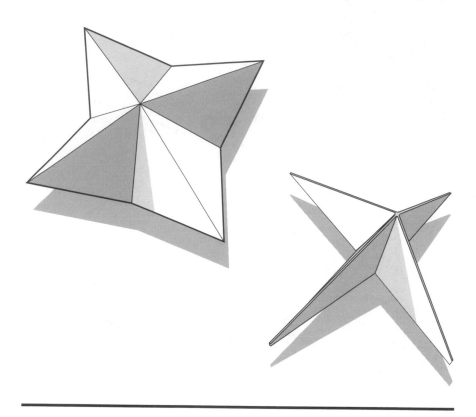

　　現在我們發揮一點創意，把這張方塊紙折成四角星。把每一邊的中點往下壓，就會呈現這樣的形狀；請參考上圖。如果因為上一步驟的折痕方向相反而不容易定型，就小心多試幾次。

　　做出星形之後，用指頭把折線捏實，讓形狀固定，繼續下一個步驟。

步驟4

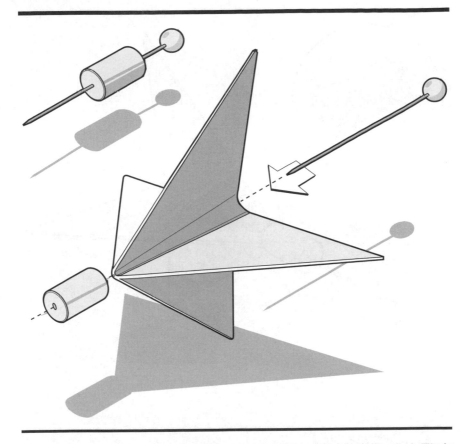

　　用隨身小刀切下鉛筆尾端的橡皮擦，用大頭針在中央戳穿一個洞。

　　接下來，把剛才做好的紙尾翼展開，從尾端（呈漏斗狀的那一面）用大頭針貫穿頂點。顧名思義，「大頭針」就是要有大頭，如果不夠大的話便固定不住，脫了尾翼的飛鏢就失效了。切記！

　　把帶上尾翼的大頭針插回剛才在橡皮擦上開的洞裡，要彼此靠緊。

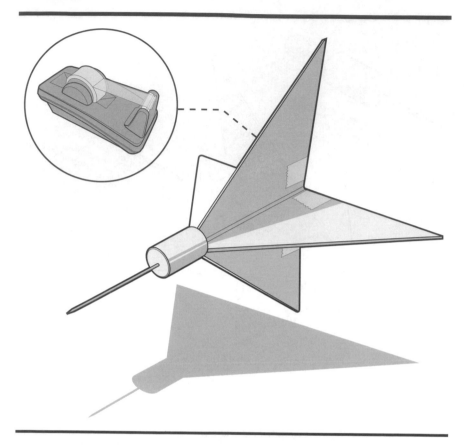

　　飛鏢幾乎就要完成了。最後用膠帶把尾翼黏合，這樣一來，當橡皮擦飛鏢飛越整個房間時，定型的尾翼就會讓軌跡穩定。

　　安全第一！這個小鏢的投射力道可以大到釘在軟木或者木製靶上，正如我們一直提醒的：這不是無害的玩具，不應該瞄準人或動物射出。試射的要點是：在足夠的大空間裡進行，避開旁觀者。並且要謹記，這些飛鏢是自製而成，因此每一枚的準確度都可能有差異。

長飛鏢

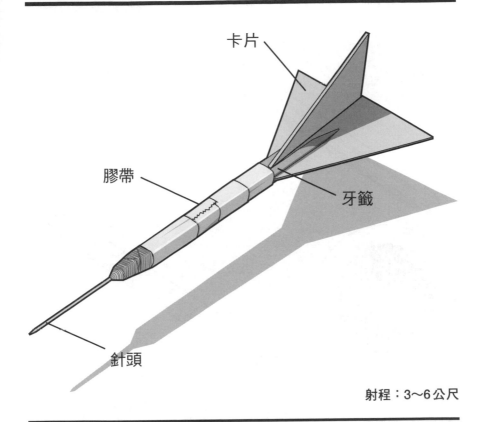

卡片

膠帶

牙籤

針頭

射程：3～6公尺

靶子，看鏢！長飛鏢兼具射速、射程和準確度。這些小型箭頭適合各種競技活動場合。製作費用很低廉，所以可以做出一大把，再號召親朋好友共襄盛舉。君子無所爭，必也射乎！不是嗎？

如果沒有現成的靶紙，請使用第七章（240頁）的範例，影印之後可以一場接一場，玩得不亦樂乎。

材料
4 根牙籤
封箱膠帶
1 枚金屬別針
棉線
膠水（非必須）
名片卡

工具
護目鏡
剪刀

彈藥
組裝而成的飛鏢

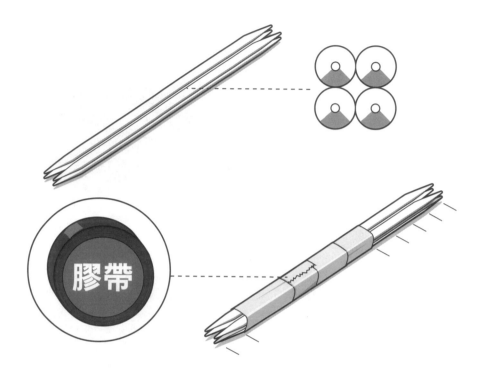

　　如圖所示，用膠帶把四根牙籤緊密地纏起來，成為一個長方形體。記得後半部要空著，之後才能把名片卡尾翼安上。

步驟2

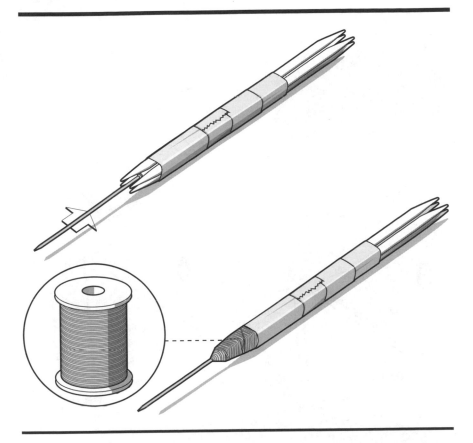

　　現在，我們來把一枚金屬別針卡在四根牙籤中間的縫隙裡。用小釘子也可以，重點是尾端要膨起，才容易卡緊。定位之後，用線捆固牙籤和針，直到不會搖晃為止。

　　點一些膠水會更牢靠。膠水大概需要30分鐘晾乾。

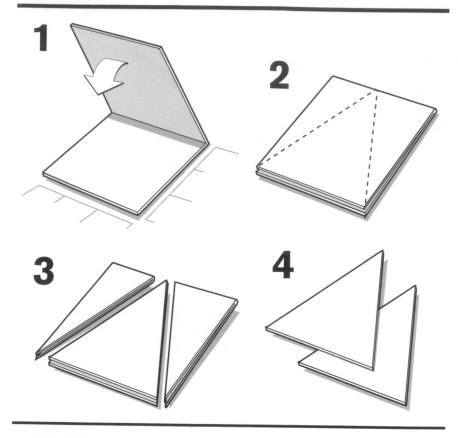

現在我們來製作長飛鏢的尾翼。手邊沒有名片卡的話,從餅乾或者早餐穀片的紙外盒取材也可以。有了素材之後,裁出一個7.6公分x3.8公分的長方形。對折之後會成為3.8公分見方的正方形,兩層厚。我們這樣裁切,可以確保四片尾翼的大小一致。

拿起剪刀,仿照上圖所示,在折起的卡片紙上剪出等腰三角形。把多餘的部分去除,留下來的是兩片全等的三角形,而且剪完之後,上端應該不再相連,可以分開。

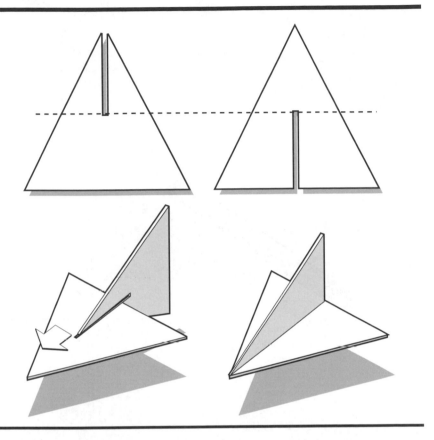

將兩片三角形並排。

在第一片三角形上，從頂角剪出一道縫，長度大約到整個三角形高度的一半。縫的寬度與卡紙的厚度相等，不可過大。在另外一個三角形上，縫從底邊往上開，長度也是到三角形½高。

將兩個剪好的三角形從縫相互嵌合，就構成了尾翼部分。

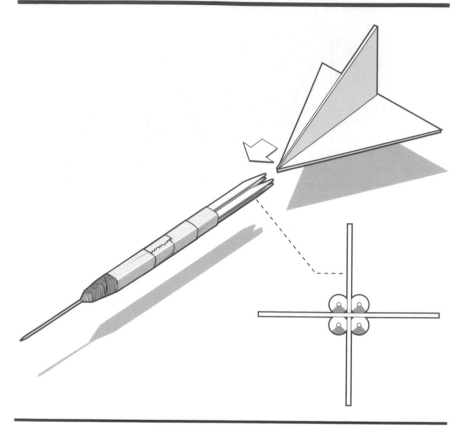

現在要把先前完成的兩個部分組合了。從後端將尾翼嵌入四根牙籤的縫隙之中，膠帶纏繞得夠緊的話，牙籤的摩擦力足夠將翼片固定住，不必擔心射出時解體。組裝好之後，來個熱身：奪射紅心！

請留意，飛鏢的尖頭有危險性，不可以朝生物擲射！意外失靈難免會發生，所以在射出這些手作飛鏢時，要對周遭環境多加警覺。也別忘了，第七章有理想的靶紙範例可用。

請正確地判斷（用常識就夠），並且對於射出的結果負責。

紙飛鏢發射筒

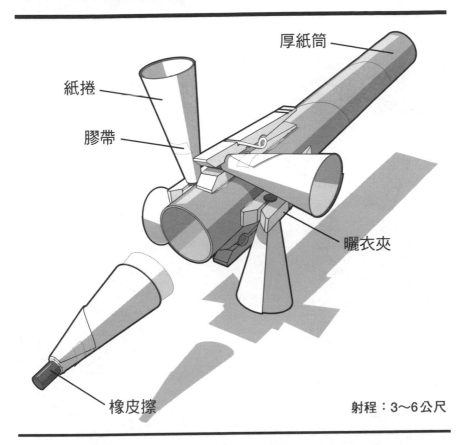

厚紙筒

紙捲

膠帶

曬衣夾

橡皮擦

射程：3～6公尺

　　作為室內友誼追逐戰的道具，紙飛鏢發射筒簡直就是完美的設計。由於可附帶好幾枚預備彈藥，後續火力供應不虞匱乏。簡單幾個步驟就可以做好，下雨天想找點樂子解悶時，真是再便利不過！而且，你可以從這個勞作之中學到吹箭類型的基本構造，往後可以應用在其他的地方。

材料
1張紙
透明膠帶
1個厚紙筒
4個以上的美式圖釘
（有長柄的圖釘）
4個以上的鉛筆尾橡皮擦
4個曬衣夾

工具
護目鏡
剪刀
口袋小刀
熱熔膠槍

彈藥
組裝而成的飛鏢

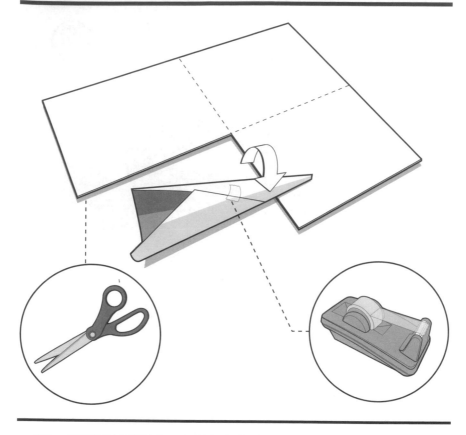

　　將一張紙對折兩次，折線會將它分成四等份。用剪刀沿著折線剪開。取一份捲成錐形，再用膠帶固定。其他三份依此處理。

步驟2

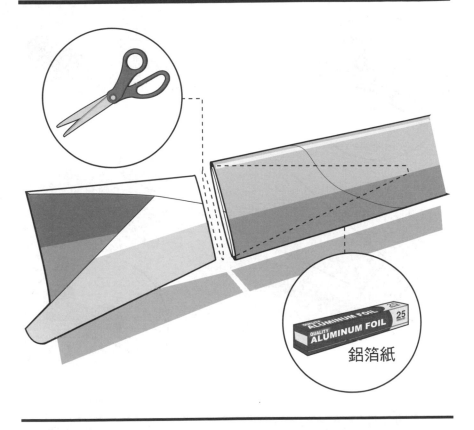

鋁箔紙

　找一個小號的厚紙筒，作為發射管。廚房用的鋁箔、保鮮膜捲軸都很理想。如果口徑太大，推進力道遽減，飛鏢將會射不遠。

　將做好的紙錐塞進紙筒裡，小心不要壓到變形。在剛好合上的狀態，用剪刀把露在紙筒外的多餘部分剪掉。這樣子一來，紙錐的直徑就與厚紙筒的內徑相符合，吹氣時紙錐可以受全力推進。

紙飛鏢發射筒

步驟3

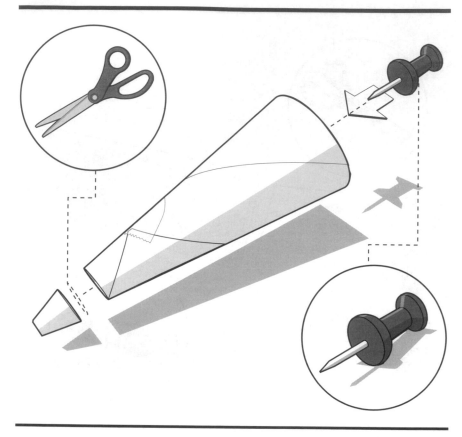

　　將紙錐從筒中取出。用剪刀裁掉最前端一點點，注意！開口的口徑要比美式圖釘的柄還小，這樣才有固定的著力點。

　　從後方把圖釘置入，金屬尖頭朝著前端，順便確認一下剛剛那一刀剪得是否適當。如果圖釘直接掉出來，那就是口開得太大了。

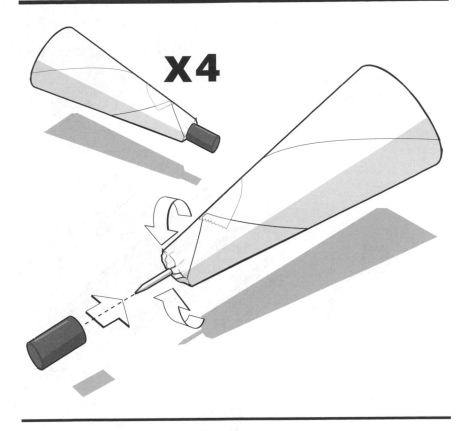

用口袋小刀切下鉛筆尾端的橡皮擦。

回到剛剛的紙錐和圖釘。讓圖釘尖頭從剪開的紙錐露出，把邊緣往裡面收攏，再把切下的橡皮擦穿在圖釘上，儘量讓橡皮擦跟圖釘壓緊，夾住其間的紙張。

可以重複這個步驟，多做幾枚預備的飛鏢。我們的紙飛鏢發射筒可以上膛一發，另外帶上四發預備。

步驟5

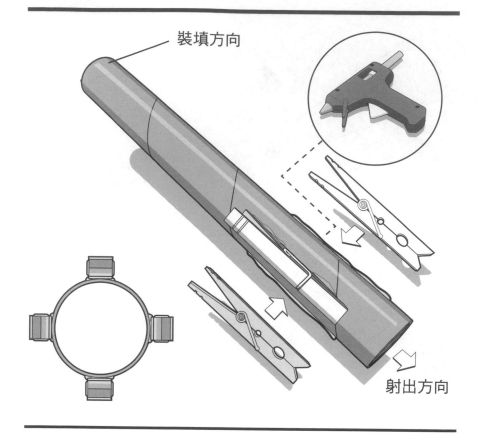

裝填方向

射出方向

　　到了這個步驟，紙飛鏢發射筒已經有完整功能了。不、過、呢！以下介紹的微調方式，可以提升友軍士氣，更能嚇得敵人發抖！

　　用熱熔膠將四枚曬衣夾黏在紙筒上。四枚間距相等，離筒口也等距，請參考上面的圖示。黏著的時候，注意膠只要點到夾子的底面就好，夾身要能維持自由活動。

步驟6

　　在追擊過程中，這些預備彈架讓你方便攜帶更多的飛鏢，也能隨時知道你還有多少火力備用。

　　將一枚飛鏢從尾端填入（橡皮擦端先進），接上嘴、用力大吹一口氣，飛鏢就會疾飛而出；射程可以涵蓋整個房間，而且準度驚人。

　　記得：發射前一定要檢查橡皮擦是否與圖釘卡得牢靠。

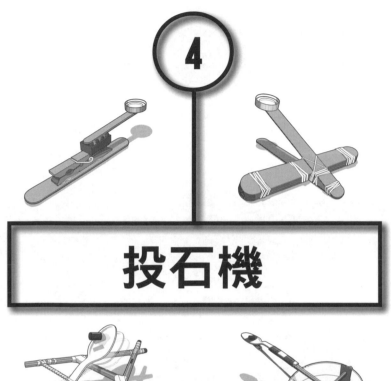

投石機

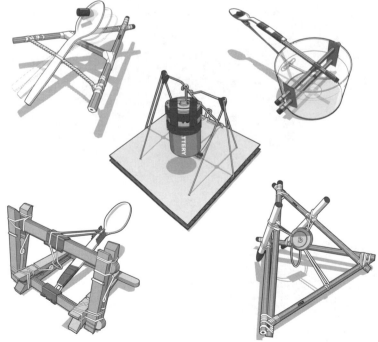

曬衣夾投石機

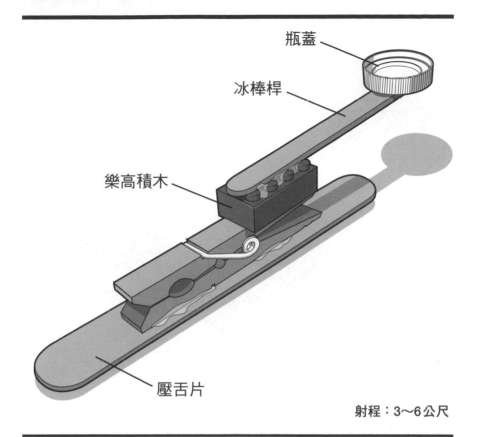

瓶蓋

冰棒桿

樂高積木

壓舌片

射程：3～6公尺

　　這個構造簡單的投石機，玩起來可是樂趣無窮。只要花幾秒鐘膠合、組裝即可。如果你在玩具箱裡找不到樂高積木，建議你到家裡床底下或者沙發縫裡挖挖看。

材料
1塊樂高長方形積木
1個曬衣夾
1片壓舌片
1個瓶蓋
1根冰棒桿

工具
護目鏡
熱熔膠槍

彈藥
1個以上的棉花糖
1個以上的鉛筆尾橡皮擦

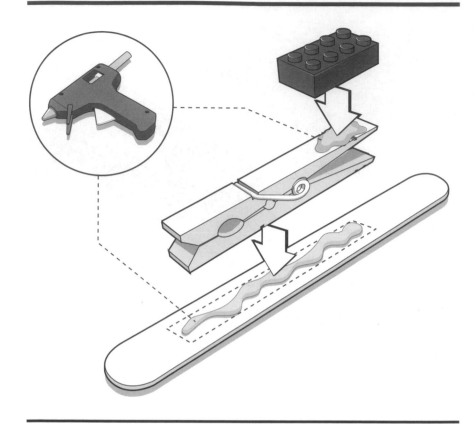

　　請先找出一塊 2x4 單位的樂高積木（1 單位高），或者重量、大小相近的長方體。使用熱熔膠槍，把一個木製曬衣夾的下片黏在木質壓舌片上，再將樂高積木黏在上片的尾端。曬衣夾的關節應該保持活動。

　　這種壓舌片很容易在附近的手工材料行或者模型店買得到，但是通常藥房卻沒賣（除非你請他們預訂）。

步驟 2

尾梢

　操作完一輪熱熔膠槍之後，如果剛剛你沒燙到手，現在我們再給你一次機會。把塑膠瓶蓋用熱熔膠固定在冰棒桿上，記得在末端留出一點小空隙。這個尾梢可以讓你用指頭扣住，在快速發射的時候才會順手。

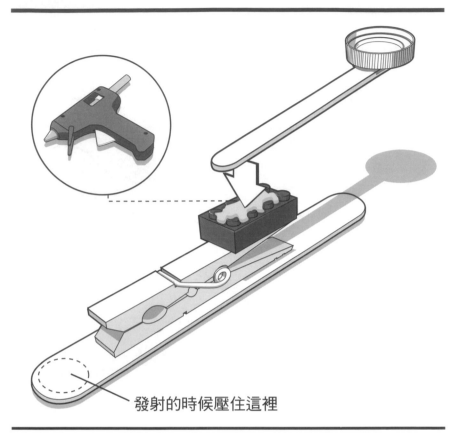

發射的時候壓住這裡

　　還是沒燙到手指嗎？俗語說事不過三，這邊是你燙到手的最後機會：用熱熔膠把剛才分別完成的兩個零件結合。在樂高積木上點一些膠，再把冰棒桿給壓上去。

　　在試射之前，請耐心等幾分鐘讓熱膠冷卻凝固。在操作投石機時請記得戴護目鏡。小棉花糖、鉛筆尾端的橡皮擦都會是不錯的彈藥；請勿隨便拿別的東西替換，否則神奇小兵器可能會變成大災難。請謹守發射準則。

壓舌片投石機

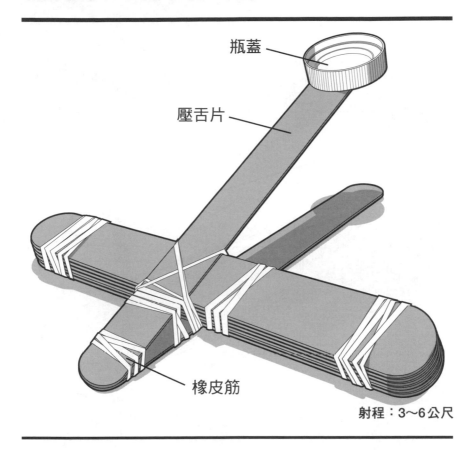

瓶蓋

壓舌片

橡皮筋

射程：3～6公尺

這個cost-down版投石機容易量產，也適合戶外使用。

材料
9片壓舌片
7條橡皮筋
1個瓶蓋

工具
護目鏡
熱熔膠槍

彈藥
1個以上的鉛筆尾橡皮擦

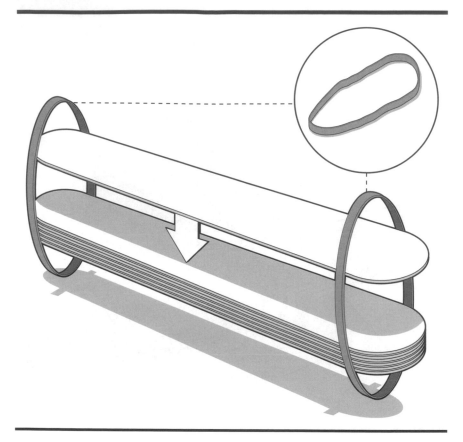

在這個步驟中，請準備七片壓舌片。將它們整齊地疊起來之後，用橡皮筋捆住兩端。

用膠水黏合也可以，只是要等一段時間讓它乾。

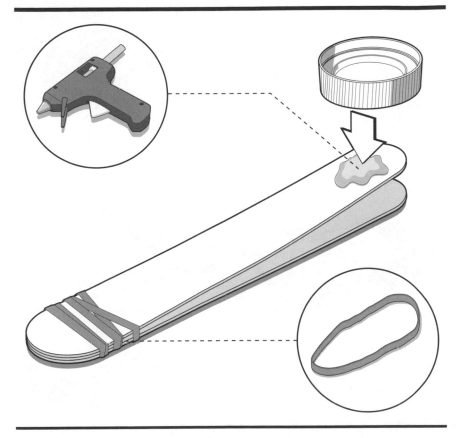

　用橡皮筋把剩下的兩片壓舌片的一端固定在一起。接下來，在沒束上橡皮筋的一端點上熱熔膠，把瓶蓋黏上。這樣子，投石機的主投射臂就完成了。

　提醒一點：如果你想用冰棒桿來代替壓舌片，並非絕對不行；但是因為厚度較薄、強度較差，可能用沒多久就會攔腰折斷了。

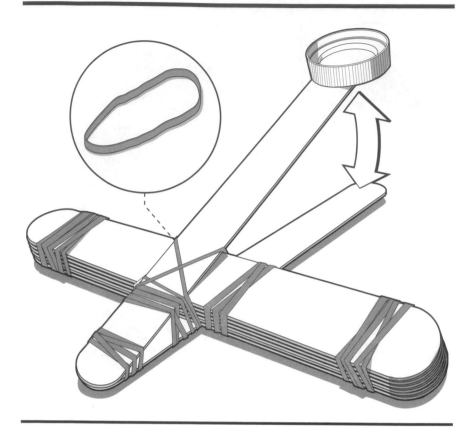

在我們讓敵人感受彈如雨下的恐怖之前，還有工作要做：合頁關節是這組投石機的關鍵。將成疊的壓舌片卡進剛才的兩片壓舌片之間。固定兩片壓舌片的橡皮筋彈力會把這疊木片往後推，我們再加上一條橡皮筋固定住，不讓它滑出去。

現在，大功告成。用手壓住成疊木片的任何一端，把彈丸放在瓶蓋中，手指輕扣發射臂向下，發射就緒！

投石機第二型

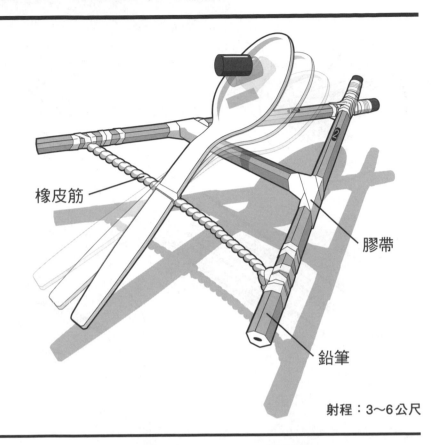

橡皮筋

膠帶

鉛筆

射程：3～6公尺

　　投石機第二型便於攜帶。發射時不須找到桌面，只要握在手上就行。掌握了發射仰角與彈道之間的奧秘，就可以準確地命中。

材料
3支木桿鉛筆
3條粗橡皮筋
封箱膠帶或防水膠布
1個塑膠湯匙

工具
護目鏡
口袋小刀

彈藥
1個以上的鉛筆尾橡皮擦

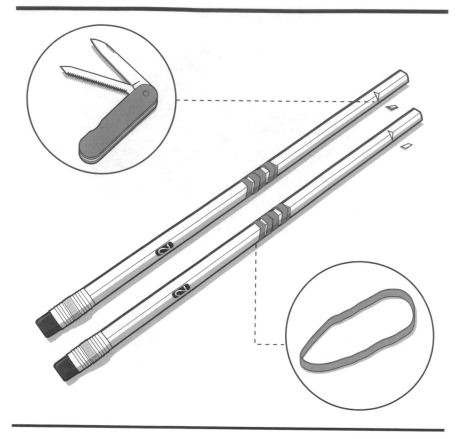

首先，我們在兩支鉛筆上做些小改造。把橡皮筋纏在鉛筆的中段，要束緊。建議你先在鉛筆尾端繞緊之後，再用手指把橡皮筋推到定位。

接下來，用口袋小刀在離鉛筆頭約1.25公分處刻出一小道痕，如上圖所示。

步驟2

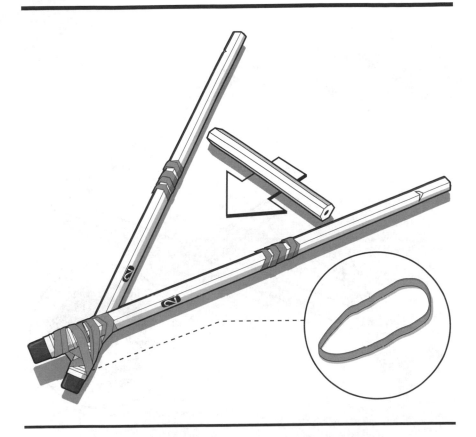

完成之後，將這兩支鉛筆的橡皮擦端用橡皮筋束在一起。如上圖一樣，把它們張開成為V字形；所以別綁到紋風不動的地步。

切下第三支鉛筆的橡皮擦，再把剩餘的筆桿裁成兩段，其中一段大約7公分長。用小刀把切面修乾淨。我們會用這一段來撐開骨架，而剩下的另一段在之後也會用得到。

膠帶

　將剛剛修好的這一段鉛筆卡在我們纏橡皮筋的位置上，利用橡皮筋的支撐力避免滑動。

　接下來，將另一條粗橡皮筋卡在骨架末端、我們剛才刻出的兩道痕上。如果橡皮筋比較長的話，在筆身上多纏繞幾圈，直到不會輕易滑動。也可以加上額外的橡皮筋固定。

步驟4

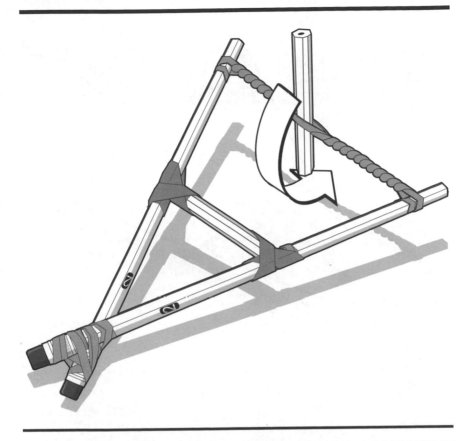

　　將剛剛留下來預備的那截鉛筆插在這條粗橡皮筋的兩道繩之間。放好之後，旋這段筆桿、帶動橡皮筋扭緊。這就像在上發條一樣，而這些扭力就是這款投石機的動力來源。

　　絞得夠緊才可以停手，但是手要留在鉛筆上，**別放開**！

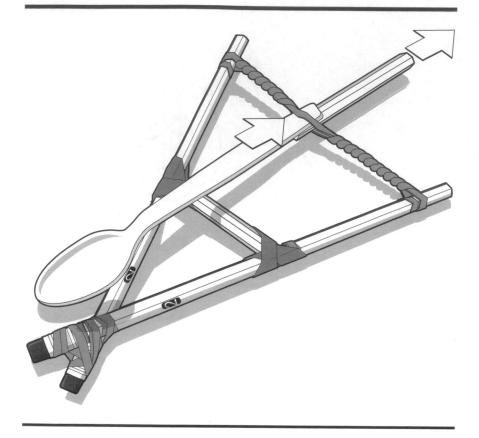

　　現在是整個步驟中的難關了。參考上圖示範，把塑膠湯匙小心地塞進橡皮筋中間的空隙。完成之後，可以把那截鉛筆抽走，大功告成。

　　用手抓著投石機，把湯匙往後扳，放上彈丸，發射。操作的時候請戴上護目鏡，也要防備其他的意外狀況。請不要將會造成傷害的物品當作子彈向其他人發射。如果發現橡皮筋有老化的跡象，請替換過再繼續玩。

光碟桶投石機

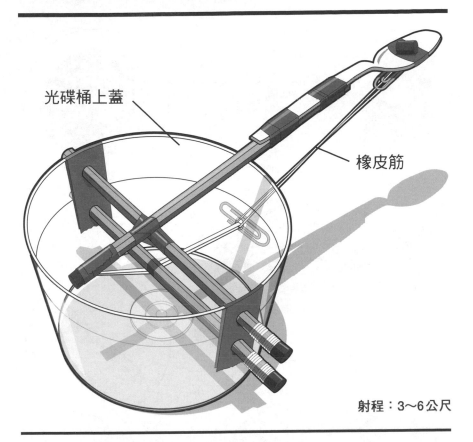

光碟桶上蓋

橡皮筋

射程：3～6公尺

　　這個光碟筒投石機不只可以發射，還可以貯存彈丸。雖然我們用「光碟桶」給它命名，其他的小容器（例如鞋盒）也可以運用。說真的，現在還有多少人會燒光碟片呢？

材料
1個光碟桶上蓋
封箱膠帶
2枚迴紋針
1個塑膠湯匙
3支木桿鉛筆
2條橡皮筋

工具
護目鏡
美工刀

彈藥
1個以上的小型棉花糖

膠帶

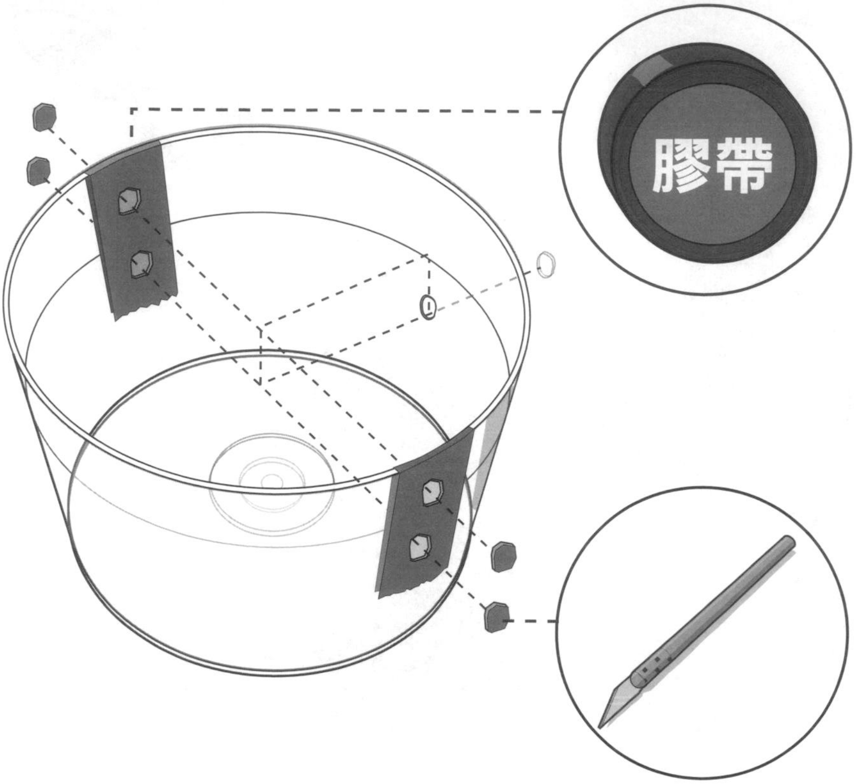

用封箱膠帶在光碟桶上蓋貼上兩道：從內貼到外。這樣做
的用意在於：等一下要在光滑的塑膠表面挖洞時，比較不會
滑手。

接下來用美工刀在桶形塑膠蓋上開五個洞。其中四個分成
兩對，開在剛才貼的膠帶上，兩兩相對。第五個洞與底下那
一組洞同高，位於其中間點。詳細的配置可以參考上面的插
圖；而這幾個洞也不要開得太低。

投石機

步驟2

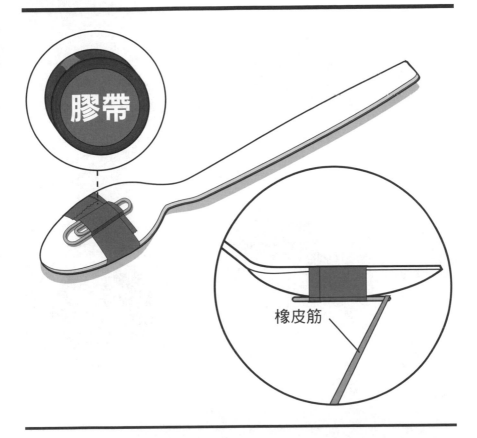

膠帶

橡皮筋

接下來，我們要做一個可以把彈丸拋過整個房間的投射臂。用膠帶把一枚迴紋針黏在塑膠湯匙的下緣。這枚迴紋針會發揮扳機的功能，不過目前在這個步驟，我們還不會把橡皮筋掛上。上面的插圖可以先做參考，讓你知道之後會怎麼組合。

步驟 3

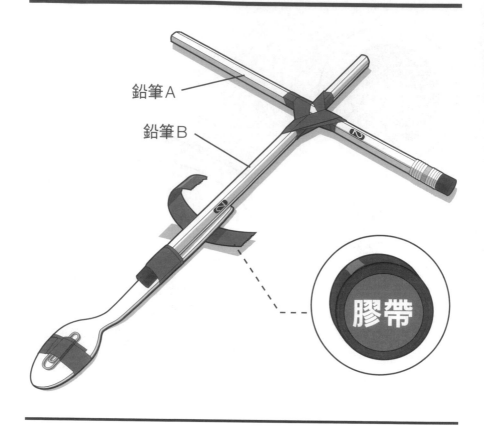

鉛筆 A

鉛筆 B

膠帶

現在我們要加上兩支木桿鉛筆，繼續完成整個投射臂的結構。兩支鉛筆（A與B）交叉，交叉點落在A的中心點、B的位置，如上圖所示。確定好位置，用膠帶把它們纏牢固定。以橡皮筋代替膠帶也行，只要照著圖來施工就好。

做出十字架形狀之後，把塑膠湯匙固定在B鉛筆留得較長的一端。膠帶在這裡可以多纏一些，務必要牢靠。鬆垮的發射臂只會發出有氣無力、彈道歪七扭八的屁彈。

步驟 4

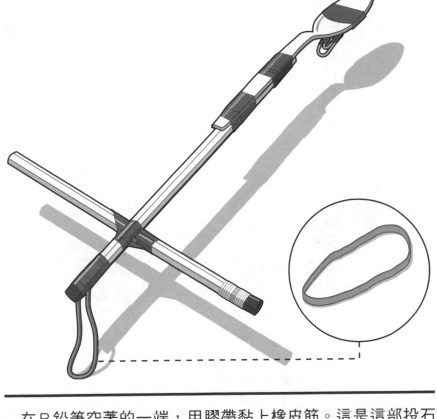

　在 B 鉛筆空著的一端，用膠帶黏上橡皮筋。這是這部投石機的動力來源，所以請選一條完整沒傷痕的新品。

　這種投石機結構被稱為扭矩動力機。真實尺寸的投石機是用特別處理過的合股繩作為彈力機構，威力巨大到足以擊穿城牆。

步驟5

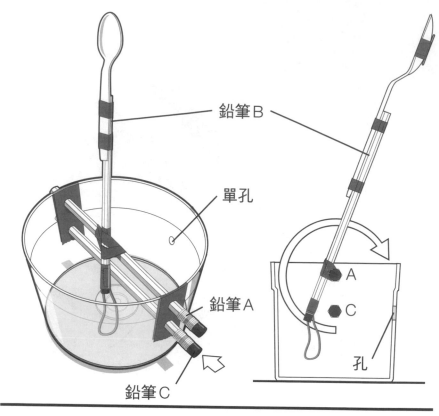

鉛筆B

單孔

鉛筆A

鉛筆C

A

C

孔

現在，小心地把鉛筆A卡進你開在光碟桶壁上、較高的那一組洞裡。安裝上之後，轉動看看、確定即使鉛筆B垂直時也不會抵到光碟桶的底。

接下來，把鉛筆C卡進比較低的一組洞裡。安裝這支鉛筆是為了避免投射臂在發射後繼續前傾；否則一旦翻車，連放在桶裡的預備彈丸都會灑滿地。

參考上面的圖示。從側面來看，鉛筆B應該離單獨開出的第五個洞最遠。

步驟6

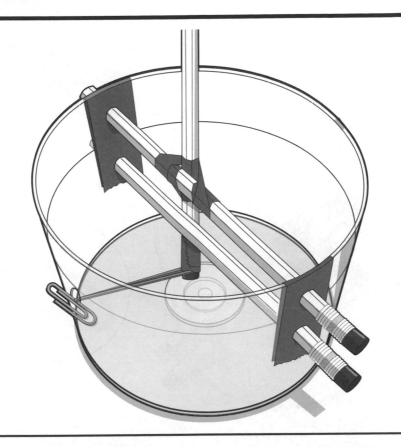

　　現在我們把光碟桶轉一個角度,繼續進入下一步驟。把黏在鉛筆B尾端的橡皮筋從桶壁上的第五洞穿出。加上一枚迴紋針,卡在外壁定點,免得橡皮筋被絞斷,而使整架投石機停擺。

　　現在投石機已經有基本功能了,但是要待機、裝填、發射起來都很不順手。下一個步驟,我們會教你怎麼利用先前我們安在湯匙背面的橡皮筋扳機功能。

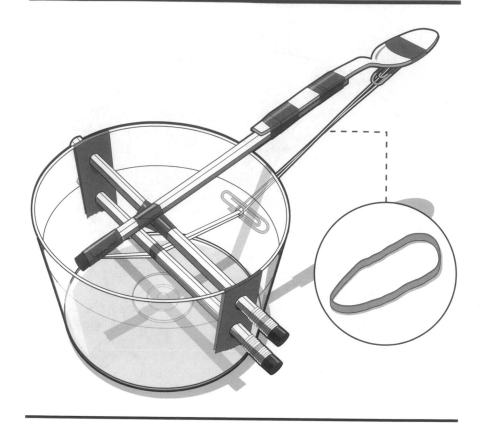

　　用另一條橡皮筋勾住我們裝在投石機上的兩枚迴紋針。這會將投石機鎖定在待機位置，你就可以好整以暇地裝彈、瞄準。要發射時，用手指輕輕地勾開橡皮筋卡在湯匙的一端，投射臂就會動作起來。記得用另一隻手扶著底座，免得瞄準不佳，前功盡棄。

　　用光碟桶來當底座的最大樂趣是對戰。露一手技驚四座，朝著對方的光碟桶拋個半場空心吧！

攻城投石機

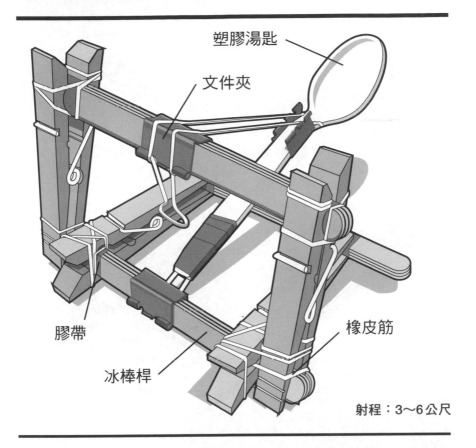

塑膠湯匙

文件夾

膠帶

冰棒桿

橡皮筋

射程：3～6公尺

　　這次的勞作不只是一部貨真價實的扭矩動力機械，它的外觀簡直就是一部具體而微的真實兵器。只要花美金50分錢（台幣15元左右）就可以完成，就算是做出嚇死人的投石機海也不肉疼。

材料
9根冰棒桿
封箱膠帶或防水膠布
4個曬衣夾
7條以上的橡皮筋
3個小號文件夾（19mm）
1個塑膠湯匙

工具
護目鏡

彈藥
1個以上的迷你棉花糖

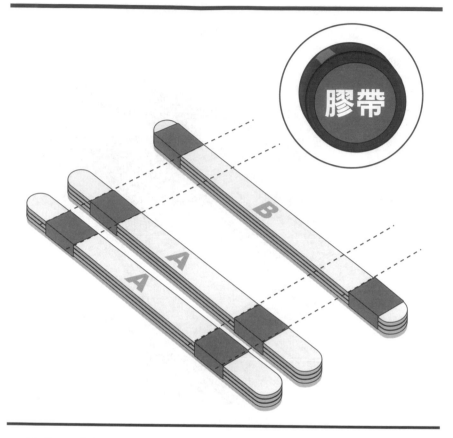

首先，先把冰棒桿排成幾疊。九根木桿分成均等三份，每份三根。我們依功能把其中兩疊稱為A、另一疊稱為B。

用膠帶把這三捆木桿纏起來，A和B的纏繞位置不同。A組纏得裡面點，膠帶距端點大約1.3公分，B組直接纏在緊靠著圓弧狀桿端的位置，如上圖所示。

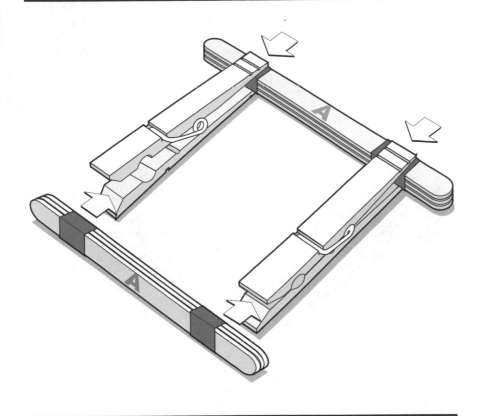

接下來，取一組Ａ，垂直卡進兩枚曬衣夾的尾端；接觸點就在纏膠帶的位置。接下來，將另一組Ａ以水平方向卡進曬衣夾的夾口。

在接觸位置纏膠帶可以讓操作時結構更穩固。

攻城投石機

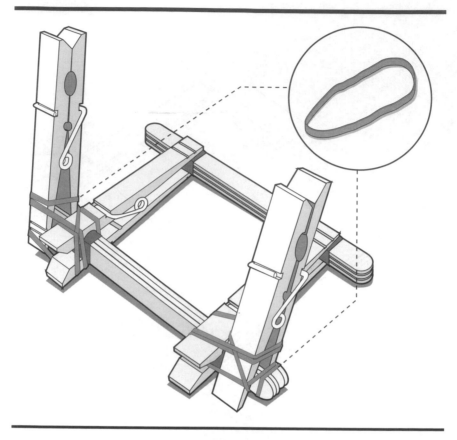

下一步驟：將兩枚曬衣夾的尾端塞進在剛才水平卡入夾口的那疊冰棒桿之中，細節請參考上圖。在此，你需要用上一點蠻力，才能把冰棒桿扳開。

加上橡皮筋，固定曬衣夾跟冰棒桿。覺得夠牢靠的話，我們可以繼續下一個步驟。無須節省材料，想要多加幾條橡皮筋綁得更牢，請自便。

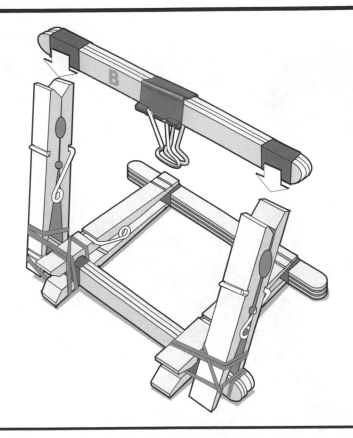

　在第三組冰棒桿（B）的中央，夾上一枚文件夾。剛才我們提醒過，這組的膠帶是纏在靠外邊：現在我們把它安在上一步驟加上的兩枚曬衣夾的夾口，接觸點上就有預先纏好的膠帶。

　夾入方向是垂直的，而且文件夾的金屬耳應該朝著桌面。

步驟5

膠帶

現在我們要用另外兩枚文件夾和塑膠湯匙製作投射臂。

首先，取一枚文件夾，用膠帶將一隻金屬夾耳跟湯匙柄纏在一起，如上圖所示（還不要拆掉另外一隻夾耳）。

接下來，從背面將另一枚文件夾夾在湯匙上。用手指從側面捏金屬耳可以把他們拆下來（有些廠牌的夾耳是不可拆的，如果你在拆卸時發現此現象，就略過這個步驟，連文件夾都不必裝；在步驟7改用膠帶來固定橡皮筋）。

步驟6

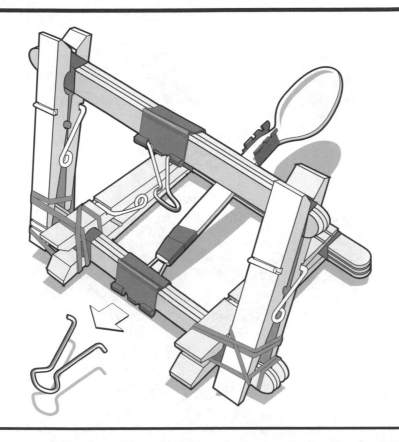

　　現在，把綁上湯匙柄的文件夾夾上底座上垂直裝入的那組冰棒桿，安裝位置居中。夾好之後，可以把空著的那個夾耳拆掉。

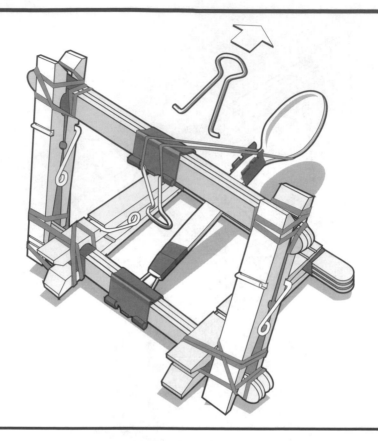

　　將一條細橡皮筋繞過塑膠湯匙的頭端。調整一下位置，讓橡皮筋卡在之前已經裝上的那枚文件夾的夾口之內，讓它維持橡皮筋的定位。

　　將橡皮筋的另一端繞過結構中最高的橫樑，扣在文件夾的耳上。如果發現卡不穩，可以改用夾住的方式固定，會更牢靠。把空懸的另一枚夾耳（靠近湯匙的那一邊）拆掉，大功告成，隨時可以發射了！

　　操作攻城投石機時請注意安全。不要對著人或者毛小孩發射，並且選擇安全的彈丸。棉花糖人畜無害，是最佳選擇。

投
石
機

維京投石機

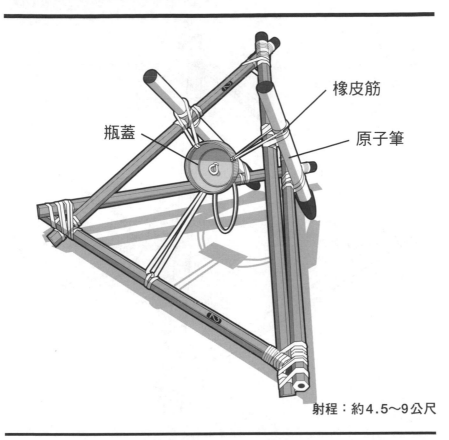

橡皮筋

瓶蓋

原子筆

射程：約4.5～9公尺

維京投石機是相當實用的桌上攻城兵器，可以發射多種彈藥：小銅幣、紙團、橡皮擦、棉花糖等等。在戰場上，這樣嚇人的形體構造、直沖而出的發射機械，在心理和生理層面上都能給予敵方莫大的打擊。

材料
5支木桿鉛筆
14條以上的橡皮筋
2支塑膠桿原子筆
1個瓶蓋

工具
護目鏡
美工刀

彈藥
1個以上的鉛筆尾橡皮擦（可以從用來做骨架的鉛筆上取用）

步驟 1

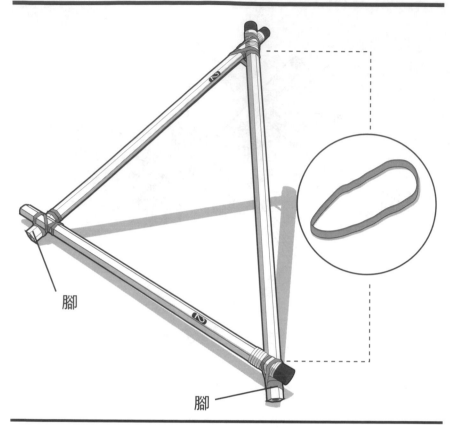

腳

腳

　　首先，從書桌抽屜裡搜出三支木桿鉛筆來。用它們組出一
個三角形，用橡皮筋固定。在底邊留兩個突出的腳，之後才
站得穩。

步驟 2

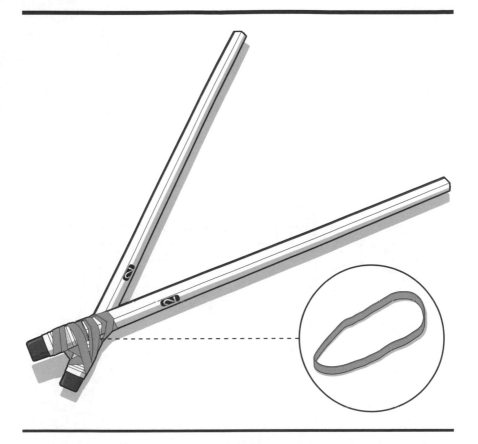

　　再搜出兩支鉛筆，把尾端用橡皮筋綁住。做法類似前面我
們做過的投石機第二型（請參考129頁）。

　　要綁得不會鬆動，但是又不會死硬到掰不開，因為我們等
下要把它開成V字形，完成維京投石機的前半部。

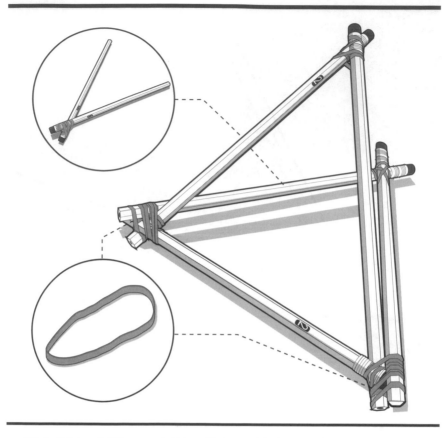

　　現在請把步驟1、步驟2的部分結合在一起。把上一步驟的兩支鉛筆掰開成V字形，架在三角形靠底邊的外緣。用橡皮筋把它們綁牢。

步驟4

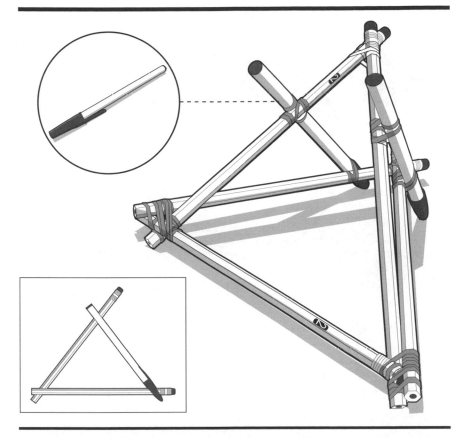

　骨架會在這個步驟完成：取兩支原子筆，分別用橡皮筋綁在三角型骨架的兩個腰邊上半部位置。然後，將原子筆的另一端固定在V形骨架上，突出於底部，當成兩隻腳來用。

　之後可以調整這兩支筆，來改變射擊彈道。

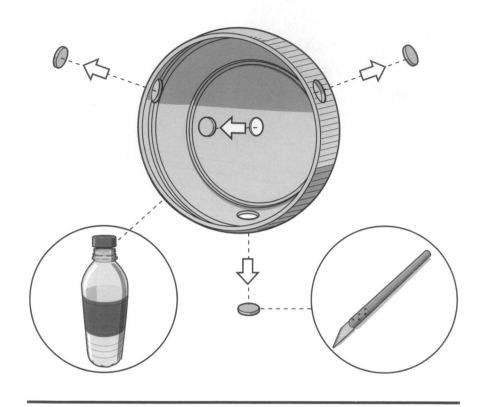

找一個飲料瓶的瓶蓋，用美工刀開上幾個孔。

第一個孔要開在瓶蓋的正圓心，口徑等同於下一個步驟我們要用到的橡皮筋粗度。其餘的三孔開在側邊壁上，如上圖所示。

別把孔開得太靠近邊緣，否則材料的支撐強度可能不足，操作到一半因為斷裂而故障可是挺掃興的。

投石機

步驟6

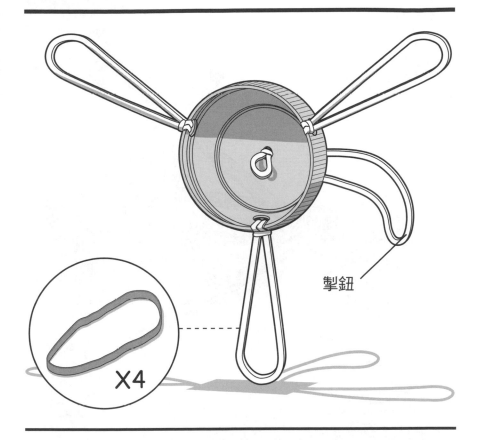

掣鈕

X4

　　將三條橡皮筋各自穿過剛剛開在蓋子側邊上的孔，穿過自身的環心拉緊，束成三個綁固在瓶蓋上的結。穿過正中心孔的橡皮筋作法稍微不同，可以先打好一個大於孔徑的結，再從凹面穿進去拉緊。注意，要是結打得不夠大顆，橡皮筋會被扯出去。

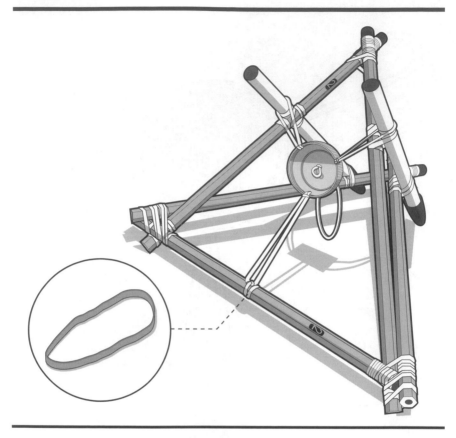

現在我們來把這個瓶蓋結構安裝到維京投石機上。

把兩條綁在瓶蓋側壁的橡皮筋掛在兩支原子筆的筆桿上，第三條橡皮筋自然下垂。比對一下橡皮筋的長度，你可能需要把它在底邊多繞上幾圈才能繃緊。繃緊之後，用另一條橡皮筋綁牢，最理想的固定位置是讓瓶蓋懸吊在這個三角形結構的中心。

可以試射了！在瓶蓋中放上你的彈丸，將固定在瓶蓋正心的橡皮筋往後扯，鬆手便可射出。如果想要改變發射的角度，挪動兩支原子筆的固定位置便可辦到。

迴迴砲

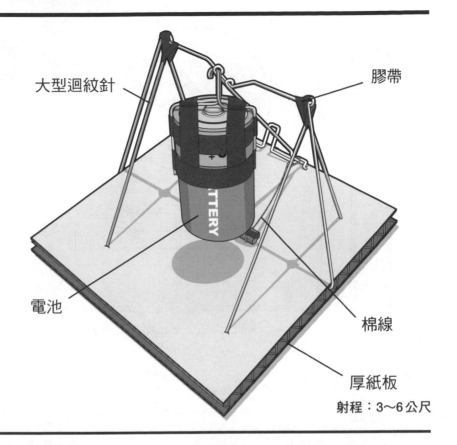

大型迴紋針

膠帶

電池

棉線

厚紙板

射程：3～6公尺

　　配重拋石機是出現在中世紀的攻城武器，能將彈丸拋過幾百呎外的敵軍防禦陣地裡。在蒙古征服中國的歷史中，則是以「回回砲」之名流傳。金庸小說中大俠郭靖武功蓋世，也抵不過回回砲猛攻襄陽城，夠兇猛吧！而在本篇，因為是用迴紋針做的，所以我們就叫他做「迴迴砲」好了。如同真實尺寸的大號版本，這個迷你版也需要邊射邊調準度。

材料
8枚大號迴紋針
厚紙板
封箱膠帶或防水膠布
1個一號電池（D型）
棉線

工具
護目鏡
尖嘴鉗
剪刀
原子筆

彈藥
1個以上的鉛筆尾橡皮擦

投射臂

鉤子

軸心

扳機

支撐架

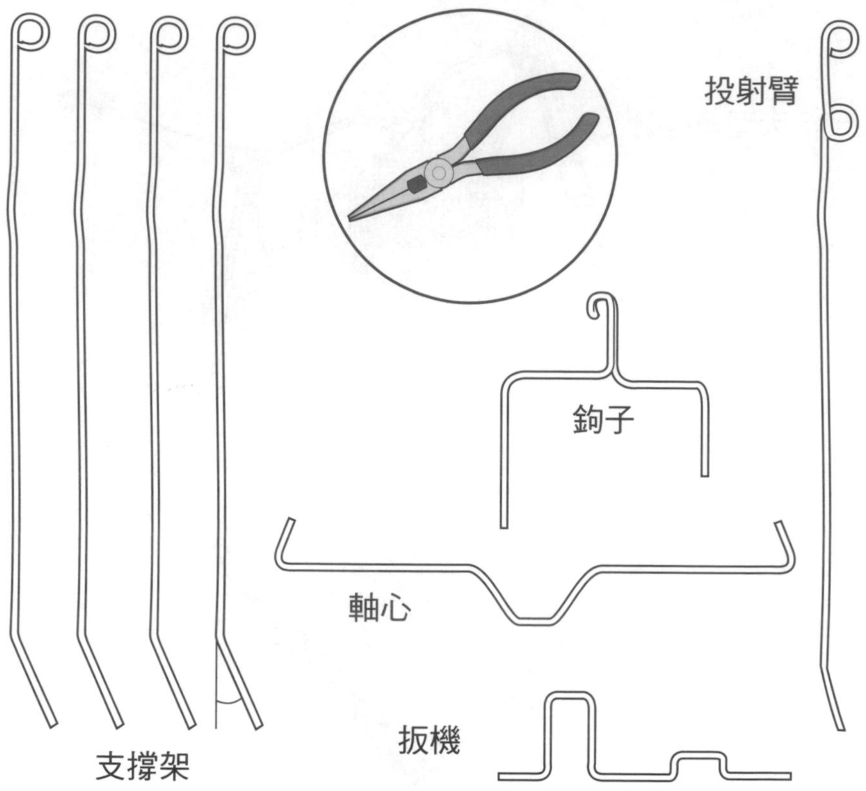

在真正開始組裝之前，請先取八枚迴紋針，我們要把它們拗成一些特定的形狀。請參考上圖來作業。之後要把拋石機架起來的過程之中，還會隨時有拗彎的手續要做。

首先，把所有的大號迴紋針都拉直。繼續拗彎時，可以把迴紋針疊在上面的插圖進行比對，這樣就看得清楚要從哪裡折彎多少。

用尖嘴鉗在四支支撐架的末端拗出一個封閉的圓環，另一端則是折出一個小角度來。

投射臂與支撐臂很像，只是再多拗出一個環來。鉤子的寬度則要大到足夠容納一號電池。

請仔細比照上圖來折軸心與扳機；這兩個部分的長度需要精確，如果迴紋針太長的話，就用鉗子剪掉多餘部分。

步驟2

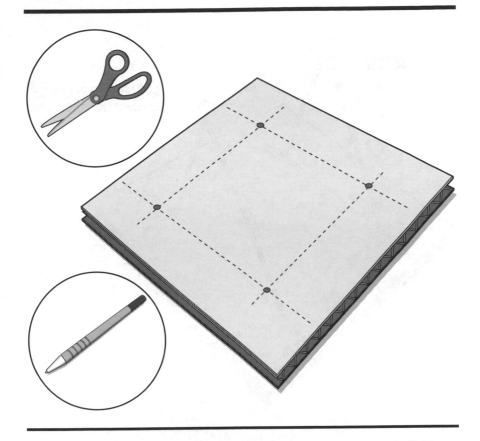

　我們來準備基座，這裡會用到約14x14公分的瓦楞紙板。從紙箱上裁下來會是最理想的，因為厚度夠，所以之後插上迴紋針時的支撐效果特別好。如果沒有紙箱的話，勉強以卡紙代替的話，就會需要用多點膠帶黏貼固定。

　接下來，用支筆在紙板的中央畫出約7.5公分x9公分的長方形。在四個角上畫上小圈圈，用來標記出四個支撐架的安裝點。

步驟3

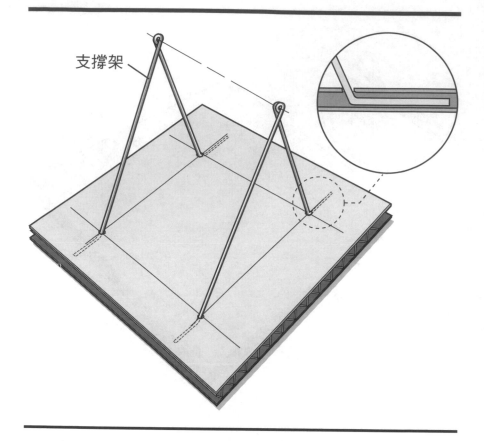

支撐架

現在我們要把支撐結構架起來。把拗彎過的四根支撐架從剛剛標記好的洞口戳進紙板，方向如上圖所示。定位好之後，調整一下，讓尾端的小圈兩兩對齊。

如果是用卡紙代替的話，用膠帶從背面黏住刺穿過紙面的迴紋針，這不僅是為了讓結構穩固，也可以避免迴紋針刮傷桌面。

步驟4

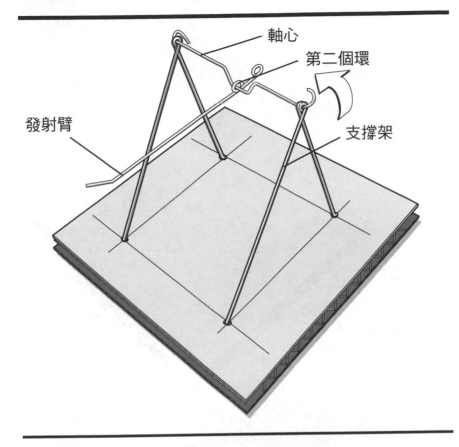

軸心

第二個環

發射臂

支撐架

現在，請把軸心穿過發射臂上的第二個環。

裝好之後，把軸心的兩端也穿進支撐架的兩組環中。在軸心的凹折自然垂下的狀態，把軸心露在支撐架的環外的部分往上折，如此一來就不會再脫開。這邊會用到尖嘴鉗來拗。

軸心不應該轉動，如果剛才的拗折還不足以固定的話，請用膠帶黏牢。這個結構其實很像嬰兒的吊床，有沒有覺得很熟悉呢？如果覺得支撐架還不夠穩的話，可以加裝兩支迴紋針支撐架，我們會在後面159頁的圖說教你怎麼做。

迴迴砲

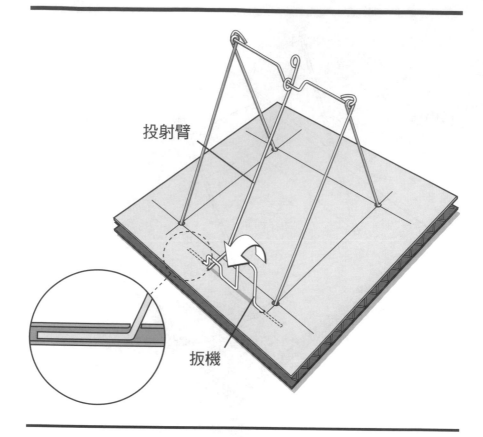

投射臂

扳機

現在請把發射臂拉著，讓前端稍微折彎的一段平貼在紙板上，我們要藉此決定安裝扳機結構的位置。把改造成扳機的迴紋針兩端戳入紙板表面之下，小的凹口對齊投射臂的接觸點，而大的凹口就是留給我們指頭扳動的。

當你用指頭扳下扳機，投射臂就會被釋放。再把電池配重物繫上之前，請先測試一下這個機制是否能正常運作。

步驟6

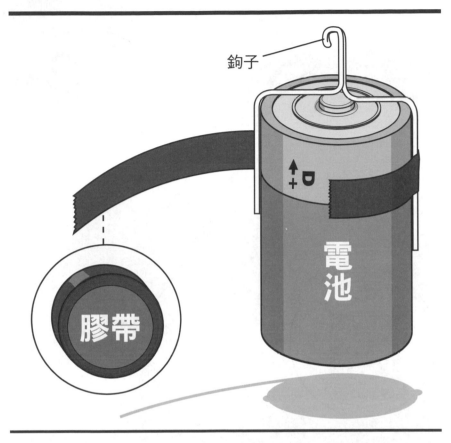

鉤子

膠帶

電池

把鉤子合上一號電池,如果有間隙的話,再稍微拗折調整一下,讓它們緊貼。鉤子應該要位於電池的中心軸之上。調整好之後,用膠帶把它們牢牢地纏在一起。

如果找不到一號電池的話,用三或四個小號電池,或者把一疊銅幣用膠帶貼起來,也可以當作配重錘。

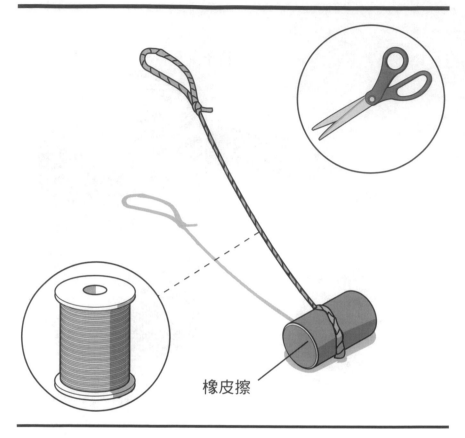

橡皮擦

　現在我們要來做彈丸。因為它們會被拋出去，所以可多做幾個預備使用。

　先量出一段約13公分的粗繩或風箏線。在一端結一個圈，另一端拴住一個從鉛筆尾端拔下來的橡皮擦。如果覺得光靠打結拴不緊，可以加上膠帶或者膠水固定。

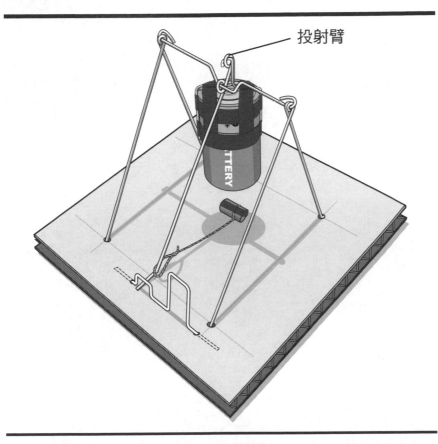

投射臂

你的迴迴砲即將完成！將電池配重物勾在發射臂末端的環上，如上圖所示。將彈丸拋出的動作過程中，配重會把發射臂往上拉。如果發現電池在這個過程中會先觸到紙板，請把掛勾縮短。

接下來，把做好的彈丸組件勾在發射臂的長端上，橡皮擦安置在整個鞦韆型骨架的底下，不要干擾到扳機運作。

把扳機設定好，讓它朝上立起，勾住發射臂，維持待發狀態。要發射時記得先戴上護目鏡；手指把扳機往後扳、釋放發射臂，目睹這個小小驚奇演出吧！稍微做些小調整，可以讓你的發射結果更圓滿。

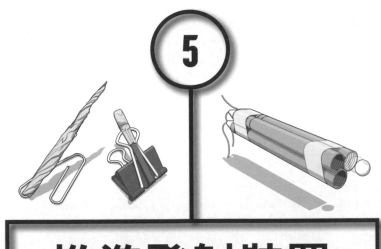

推進發射裝置

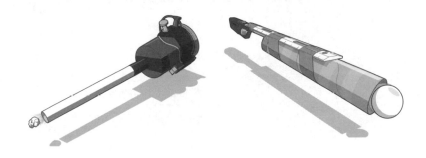

BB彈鋼筆手槍

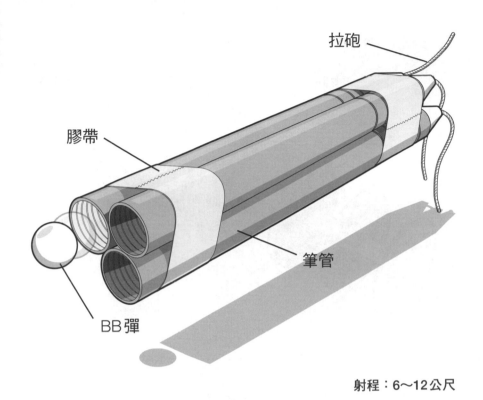

拉砲

膠帶

筆管

BB彈

射程：6～12公尺

It's party time! 這具三聯裝鋼筆手槍可以對任何目標進行快速的火力壓制。它的射速高、體積小，實在是野外活動的良伴。

材料
3個拉砲
3支原子筆
透明膠帶或封箱膠帶

工具
護目鏡
剪刀

彈藥
3個以上的塑膠BB彈

步驟 1

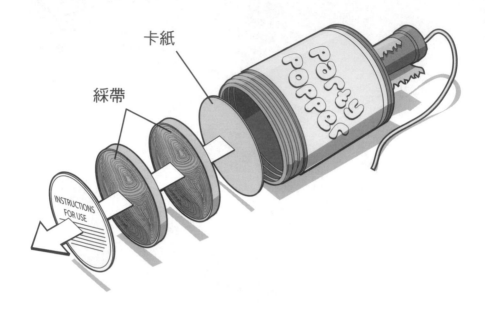

卡紙

綵帶

INSTRUCTIONS FOR USE

Party POPPER

一切都從拉炮開始。

拉砲也叫做噴花筒。顧名思義,就是在宴會或者熱鬧場合一聲巨響、把綵帶噴個滿天飛的玩意。雖然裡面有少量火藥,但是危險性並不大,在雜貨店、玩具店都買得到。用指甲或者筆尖把封蓋挑開,取下綵帶和卡紙,好在下一個步驟準備藥包。

步驟 2

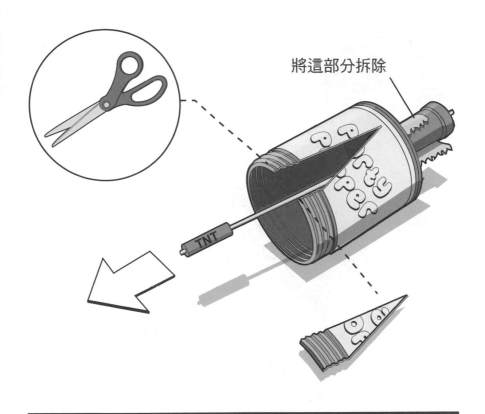

將這部分拆除

現在我們來拆卸拉砲的引爆藥包。請切記先戴上護目鏡。

接下來，把拉炮頸部（接近末端、口徑縮小的部位）的裝飾鋁箔紙（或者裝飾膠帶）撕下。

把拉砲的外殼剪掉一小塊，這樣比較方便用手指伸進去掏出引爆藥包。用手指探入，確定位置之後，慢慢地把它連著尾端的線一起挾出來。如果覺得卡住，**千萬不要猛拉**！這會直接引發藥包。

取下之後，可以把剩下的外殼扔掉。

步驟3

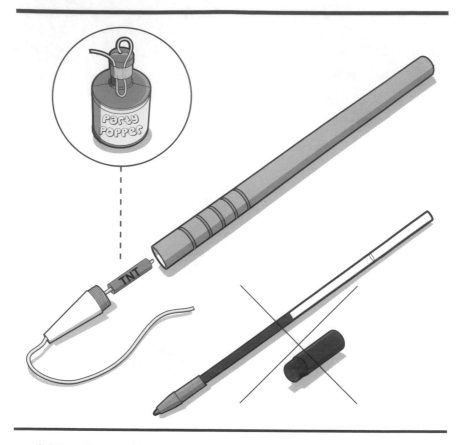

　　我們要使用的筆是配備螺紋式金屬前蓋的便宜塑膠原子筆或者中性筆，隨手翻翻應該很容易找到幾支。

　　把筆拆解開來：筆芯、金屬前蓋、塑膠尾栓。這次我們用不到筆芯和尾栓。

　　把剛剛拆下來的藥包引爆線穿過前蓋的孔，小心地慢慢拉，讓藥包合在金屬蓋子之中。安置好之後，把前蓋重新旋回筆身結合。

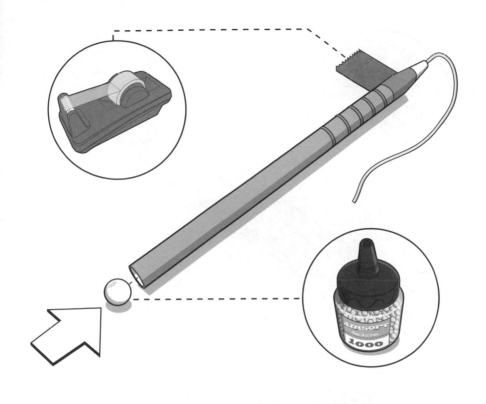

　旋好之後，貼上膠帶作為額外的防護固定。因為不同的廠牌使用的材質不同，很難擔保不會發生意外，多些防備總是好事。

　從槍口端把 .24 口徑（6mm 直徑）的塑膠 BB 彈填入，這些便宜的小彈丸通常跟筆管的口徑搭得很準。要發射的時候，只要把槍口對準目標，扯動拉砲的引線即可。

步驟 5

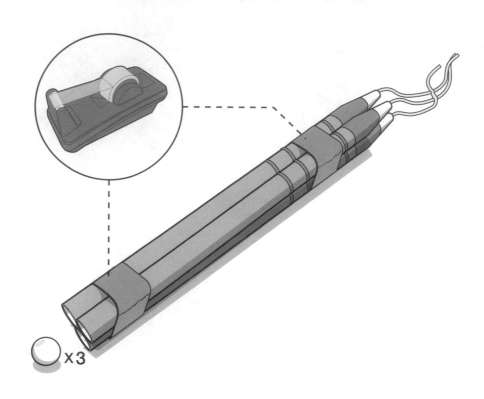

×3

如果想要有瞬間的密集火力，可以把三支拉炮槍管用膠帶纏在一起（當然，每一管都要配上自己的藥包）。依次拉動引線，就有媲美織田信長打長篠之戰的三段擊火力，這可厲害了。

沒有BB彈丸的話，用普通的小紙團，或者拉砲原本配置的綵帶都可以。用筆芯當通條，把紙團彈丸從槍口推進去就行。不過這些子彈的射程，都比不上原本我們推薦的塑膠BB彈。

記得，絕不可以朝他人或者動物射擊！BB彈有彈性，所以可能會反彈或者跳彈，請戴上護目鏡以策安全。更重要的，**絕不可以瞄視槍口**。就算是戴了護目鏡也不行！切記！

火柴小火箭

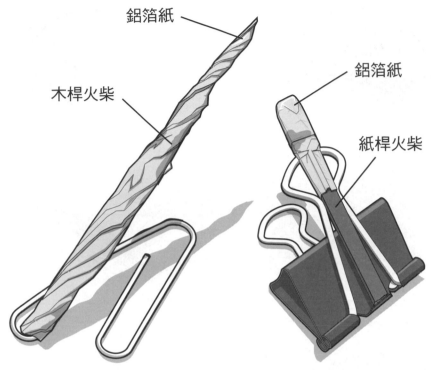

鋁箔紙

木桿火柴

鋁箔紙

紙桿火柴

射程：6～12公尺

　　火柴小火箭是惠而不費的太空火箭基礎課程。我們將要介紹幾種不同的做法，無論是紙板火柴、木桿火柴都有一席之地。飛起來像是無頭蒼蠅，猜它們會降落在何處也饒富趣味。**一定要戴上護目鏡，而且要清空周遭的環境**，才能發射這些小小推進器，切記。因為彈道無法預測，火柴小火箭還算不上真正的工程科學；想要進階的話，還需要更多的驗證，與進一步的設計，才能找出完美的平衡。

材料
鋁箔紙
1根縫衣針或大頭針
1個中型文件夾（32mm）
1根牙籤
1個大型迴紋針

工具
護目鏡
口袋小刀

彈藥
1根以上的紙板火柴
1根以上的木桿火柴

紙板火柴：步驟1

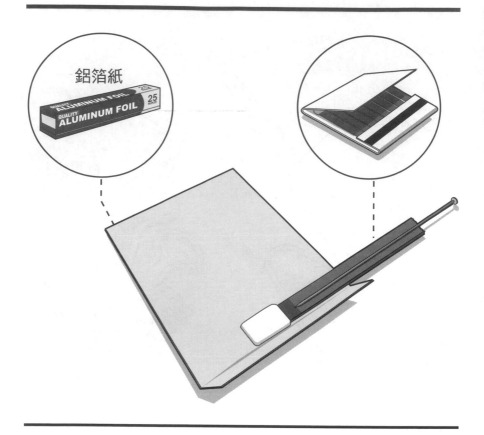

鋁箔紙

QUALITY ALUMINUM FOIL 25

　　我們從紙板火柴開始。從一排火柴裡折下一根，放在一片 2.54公分x2.54公分的鋁箔紙上，並在火柴上疊一根針，如上圖所示。下一個步驟，我們會看到這支針如何構出火箭的噴射口。

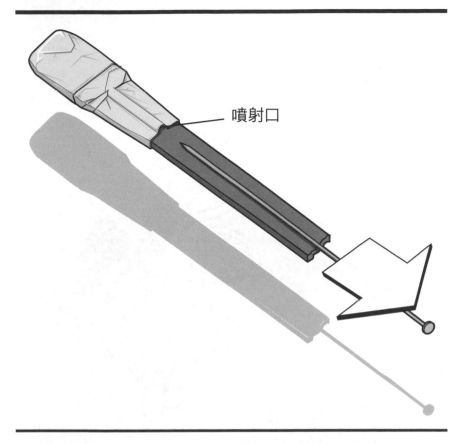

噴射口

　　用鋁箔把含火柴頭的前半端封起。這邊的重點是：把包著火柴頭與針的鋁箔壓緊、貼合，不留空隙。

　　包好之後，慢慢地把針抽出來，小心不要讓剛剛仔細貼密的鋁箔紙變形。這根針留下一個直通火柴頭的通道，作為點燃後的氣流噴射口。等下點燃時，要小心別破壞了這通道，否則可能會飛不起來，或者往預期以外的方向亂飛。

火柴小火箭

先戴上護目鏡。我們用大文件夾來架住紙板火柴小火箭，頭端向上、方向不要對著自己。同時，給文件夾發射臺加些保護措施也不錯。火柴點燃時可能會燒到桌面，也可能會點燃附近的可燃物。所以，即使是在戶外玩，也務必要先清理周遭。

現了，把另一根火柴點燃，伸到小火箭的頭端底下。等待幾秒，讓火焰的熱度透過鋁箔點燃其中的紙板火柴，它會爆出一股壓力，將氣體從這具迷你噴射發動機的排氣通道推出，升空！

如果火箭點燃了卻飛不起來，必定是因為通氣道出了問題，沒辦法順利從單一通道排氣。重新做一個，再試一次。

木桿火柴：步驟1

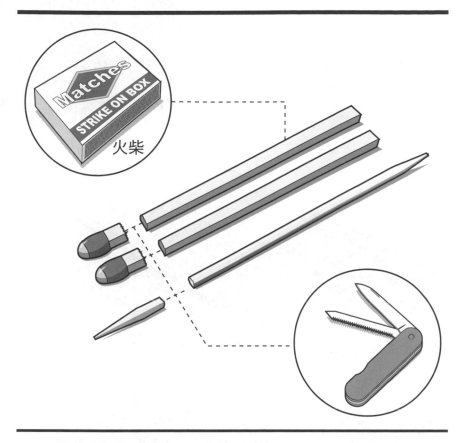

火柴

　　筆者喜歡簡單易做的紙板火柴小火箭，但是，木桿火柴版本飛得更遠，所以不能不在這邊介紹給大家。不同廠牌的火柴之間差異蠻大的，所以結果各異。實驗的結果是「鑽石牌」火柴不能用，不過，幸好大家在亞洲是買不到這「廢柴」的。

　　好了，閒聊結束，讓我們開始動手。取兩根火柴，用口袋小刀把頭切下。用不著的木桿可以扔掉。

　　接下來，用小刀把圓軸牙籤的一頭切掉，其他部分留下。

木桿火柴：步驟2

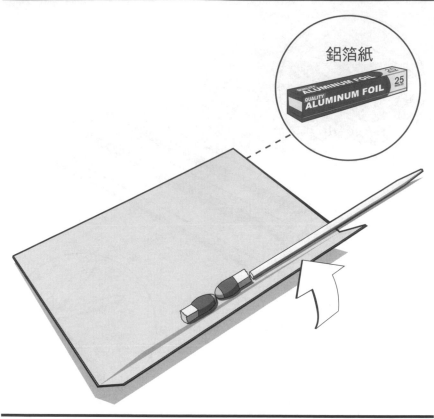

鋁箔紙

　　裁下一片鋁箔紙，長寬大約跟火柴相等。這樣的大小應該足夠捲著火柴頭包上好幾層。如果鋁箔捲成的外壁太薄，引燃時可能會被爆破，引起發射臺大火。反過來說，捲得太厚太多，增加的重量會讓火箭的射程變短。

　　在這張鋁箔紙的邊上，折出一小道縱線，方便把材料在上面對齊。將兩枚火柴頭相接著，放在跟鋁箔紙上下緣等距的位置上。緊接著是剛剛裁掉一邊尖端的牙籤，如上圖所示。

木桿火柴：步驟3

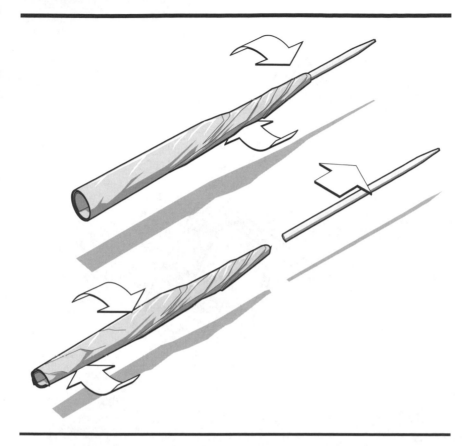

　把火柴頭帶著牙籤，用鋁箔紙捲起來，緊緊包住，捲的時候留意別讓裡面的東西掉出來。把帶著牙籤的頭端擰成彈頭形狀之後，小心地把牙籤抽出來。

　牙籤會留下一個圓柱形的通道，直通火柴頭的位置。注意別捏到牙籤端或者噴射排氣口的任何一端。

　火柴小火箭已經準備就緒，可以上發射臺了！

木桿火柴：步驟4

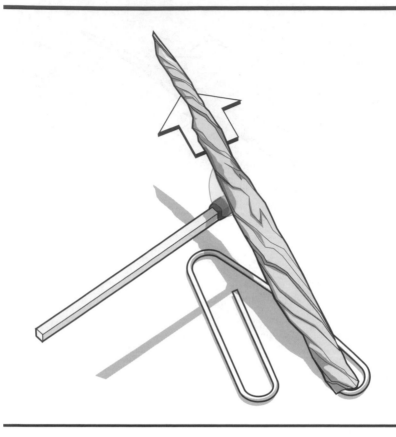

　　發射臺是用一枚迴紋針做成的。把迴紋針兩個鉤稍微掰開，並把其中一個鉤的尾部拗起來，就完工了。把迴紋針拗好之後，把小火箭的末端插在迴紋針發射臺上。

　　戴上護目鏡。點燃一根火柴，伸到火箭下面，等著引發。如果鋁箔紙先被燒穿了而發射失敗，做下一個的時候要多包幾層；也有另一個可能性是：排氣通道堵住了。

　　請謹記，你所發射的火箭會引燃物品。所以請在屋外試射，並且預先移除周遭的可燃物品。

迷你馬鈴薯砲

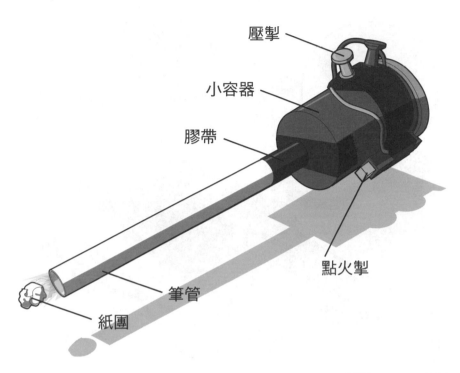

壓掣

小容器

膠帶

點火掣

筆管

紙團

射程：6～12公尺

　　要把紙團射得滿天飛，用這款迷你馬鈴薯砲是再理想不過！跟現實戰場上的火藥兵器或者玩具店裡賣的馬鈴薯砲是相同的原理，都是以氣體的體積膨脹推進彈丸射出。

材料
1個烤肉點火器
2個美式圖釘
1個有蓋的小容器
1支塑膠桿原子筆
電工膠帶（電火布）
髮膠噴劑

工具
護目鏡
螺絲起子
剪線鉗
美工刀

彈藥
紙團

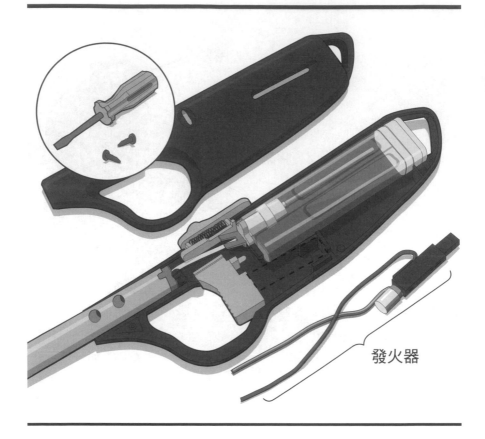

發火器

我們先把注意力集中在引發機構上。

用螺絲起子把烤肉點火器拆開。除去外殼之後，在扳機後面可以找到發火器。把這個小組件連同電線一起完整取下，小心不要壓按鈕電到自己。

推進發射裝置

步驟2

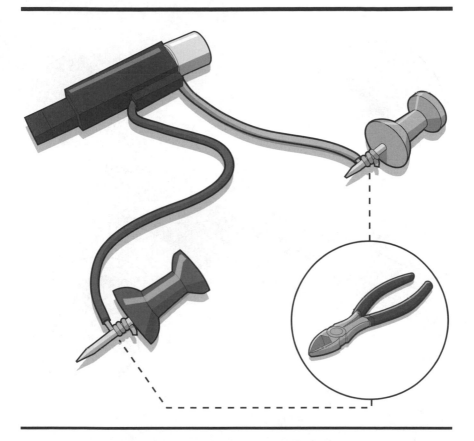

　　用剪線鉗從發火器兩條電線的末端剝掉一吋左右的長度
（2.54公分）。小心別剪斷電線。

　　把漏出來的電線緊緊地纏上美式圖釘的金屬針頭。這兩根
圖釘將會成為迷你馬鈴薯砲的膛室電極。

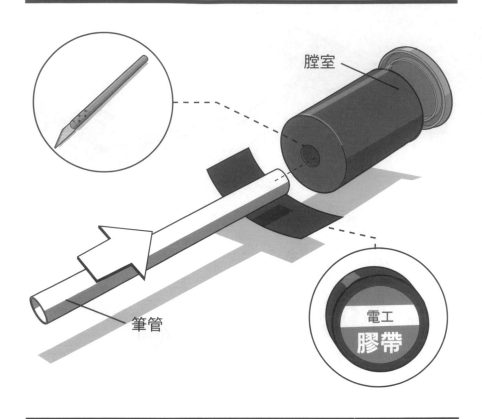

膛室

筆管

電工
膠帶

　　我們要的膛室不僅需要氣密，也要有一個蓋子可以在操作時方便開啟與闔上。我們的原始設計是用膠捲的塑膠盒。

　　先把一支塑膠桿原子筆整個拆開，接著用美工刀在膠捲盒的底部開一個直徑與筆管相同的孔。

　　把筆管插進開好的孔中，用膠帶固定好。我們需要良好的氣密，所以別節省膠帶。

推進發射裝置

步驟 4

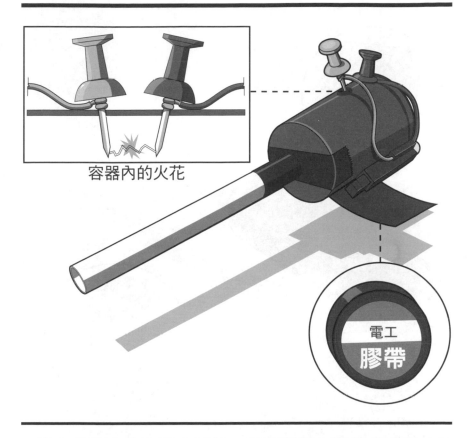

容器內的火花

　現在我們來安上點火系統。將圖釘插在靠膛室後面的位置，兩根圖釘的間隔大概為¼英吋（0.64公分）。

　釘好之後，也用電工膠帶把按鈕綁在膠捲容器上。在我們試射之前，拿出電工膠帶，想纏多少就纏多少。

　固定好按鈕之後，測試一下點火系統。按下發火器的按鈕，確認是否在膛室內有引發火花。如果甚麼事都沒發生，很可能是兩根圖釘的針頭靠得不夠近，或者電弧發生在容器之外（插得不夠深）。重新做一個，直到確認火花出現為止。

迷你馬鈴薯砲

步驟 5

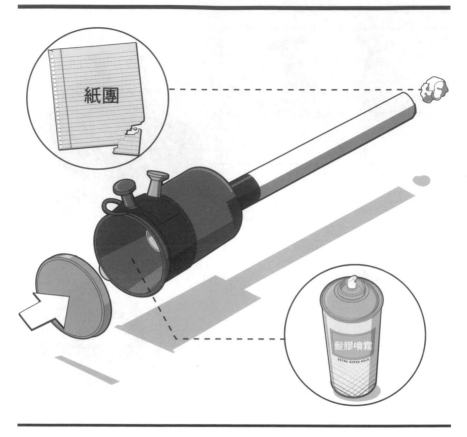

紙團

髮膠噴霧
EXTRA SUPER HOLD

接下來是最容易的步驟了：用你的嘴巴嚼一個濕紙團，再將這個濕搭搭的玩意從槍口塞入。可以拿筆芯當推入的通條，不過推到筆管最深處就好，別弄進膛室裡。

接下來，在膛室裡噴一些髮膠（裡面含有乙醇、丙烷或丁烷）。量不要太多，在噴霧頭輕輕按一下就夠。趕緊把蓋子闔上，開始瞄準。按一下發火器的按鈕，就可以看到紙團子彈飛出去了。

就跟其他紙團子彈小兵器一樣，迷你馬鈴薯砲的發射結果會因為以下各種因素而不同：膛室容器的尺寸、髮膠火藥的量，以及髮膠噴霧的化學成分。

乒乓火箭筒

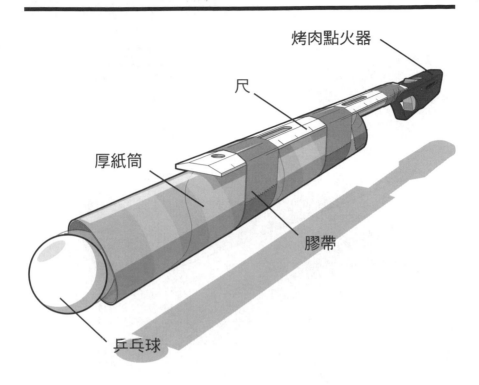

烤肉點火器

尺

厚紙筒

膠帶

乒乓球

射程：12公尺

　　發射時，你會看到火焰從厚紙筒砲管中蹦出，在本書中所介紹的勞作之中是絕無僅有。這具火箭炮的射程並不遠，彈藥是無害的乒乓球，組裝程序也簡單。快快組好，射個不亦樂乎吧！

材料

1個厚紙筒
防水膠布
1個烤肉點火器
1把短尺
髮膠噴劑

工具

護目鏡
美工刀

彈藥

1個以上的乒乓球

步驟 1

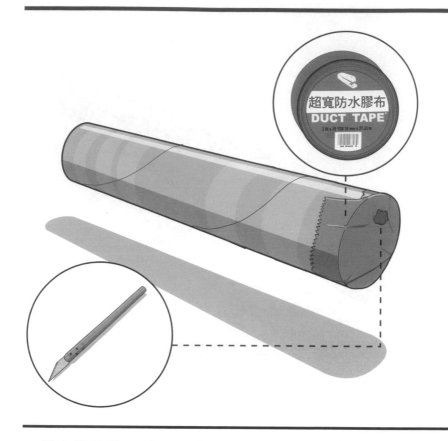

　　紙巾捲軸的尺寸有很多款式，在動手之前，請先確認你找來的厚紙筒口徑和乒乓球合得上。

　　先用防水膠布將厚紙筒的一端封起來，再用美工刀在膠布上開一個孔。這個孔的直徑要跟烤肉點火器的火嘴相同。

步驟 2

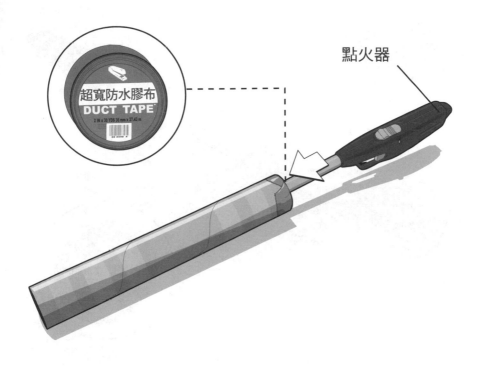

點火器

超寬防水膠布
DUCT TAPE
2 IN x 30 YDS 36 mm x 27.43 m

將點火器的火嘴插進剛才在防水膠布上開的孔裡，深入大約 2.54～5.08 公分。

相對位置取好之後，用防水膠布把空隙封住。點火時膛室的氣密很重要，所以請務必貼得仔細。

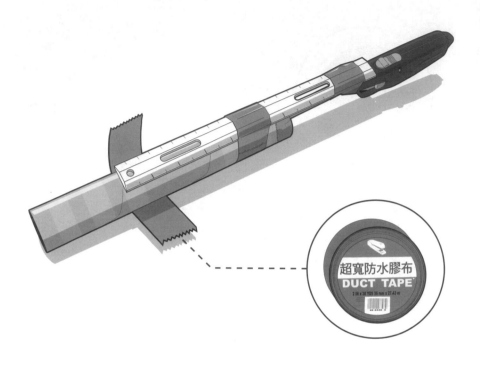

讓我們加強一下乒乓火箭筒的整體結構。把一把木製或者塑膠短尺用膠布纏上厚紙筒和點火器，像橋一樣把兩者接起來。如此一來，只要單手就可以握持整個火箭筒，可以空出另一隻手來裝填彈藥。

步驟4

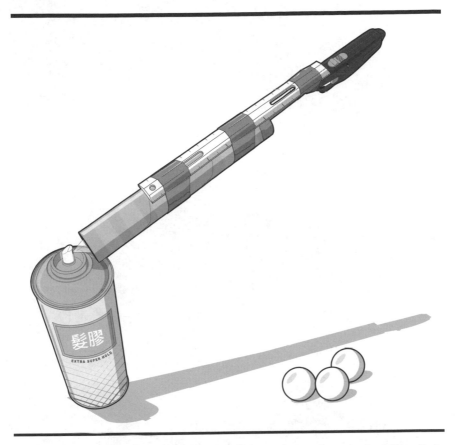

　　抓穩乒乓火箭筒，讓炮口微微往下垂。將少量的髮膠或者爽身噴霧（成分含有可燃的乙醇、丙烷或丁烷）噴進厚紙筒之中。這些揮發氣體比空氣稍輕，所以會往上積在封好的膛室尾端。

　　馬上把乒乓球從炮口填入，就可以瞄準、發射了；請記得我們的安全守則。在還不熟悉它的威力之際，第一次發射請少少地加一點噴劑就好。不妨等到掌握了燃料量和威力的安全比例之後，再逐漸增加。

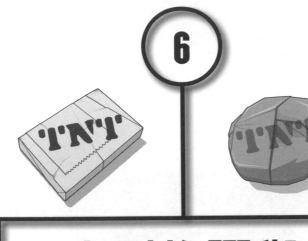

6

小型炸彈與
人員殺傷地雷

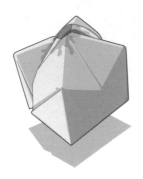

火柴盒小炸彈

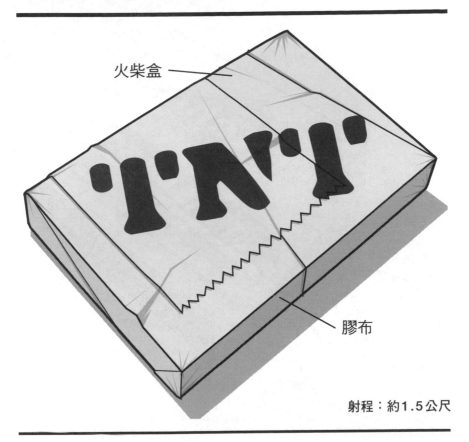

火柴盒

TNT

膠布

射程：約1.5公尺

　　一個小小火柴盒經過巧手改造，也可以唬得別人豕奔狼突。將火柴盒小炸彈拋擲而出，可達成震耳欲聾的威嚇效果。通用的基本設計、多樣的尺寸，真是戰士們每天出任務的必備良伴。

材料
1盒火柴
封箱膠帶或防水膠布

工具
護目鏡
耳塞
剪刀

彈藥
火柴

　製作小炸彈的材料很簡單：一盒木桿火柴（盒上有點火摩擦面的）。任何大小都合用。

　首先，把點火摩擦面除下，用剪刀或美工刀都行。兩個摩擦面和剩下的紙盒都要留著，別扔掉。

步驟 2

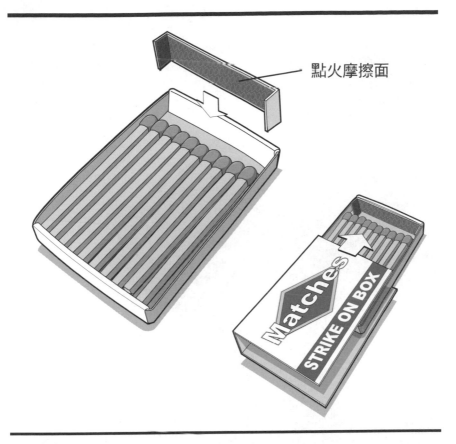

點火摩擦面

將剛才取下來的點火摩擦面塞進火柴盒內盒裡，靠火柴頭的一邊。用裁剩的外盒把內盒重新包起來，別讓裡面的火柴散出來。

步驟 3

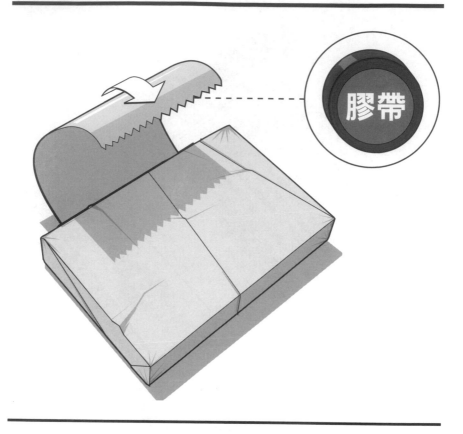

膠帶

　　用膠帶把火柴盒封住。我們現在包的可是會引燃的內容物，所以多把膠帶纏上幾層會更好。纏好之後，用盡洪荒之力朝門外的硬地一拋！含磷的火柴頭與摩擦面接觸而點燃，燃燒時產生的氣體膨脹需要從密封的膠帶裡逸散，就會瞬間發出爆炸聲。

　　請記得我們時時提醒的，**安全第一**！不可在屋內操作，遠離所有火源。火柴盒裡也可能出狀況（譯註：例如火柴頭掉屑），所以在引燃前拿取也要小心。因為火柴盒小炸彈會發出巨響，除了保護眼睛之外，也請戴上耳塞。

　　玩耍時請注意風險，為自己的行為負責。

銅幣小炸彈

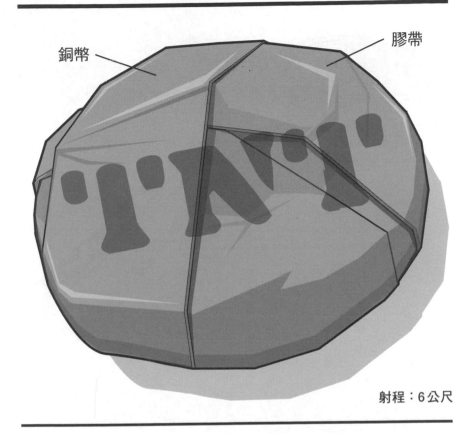

銅幣

膠帶

射程：6公尺

　　銅幣不只可以用來購物，也可以拿來炸翻天。銅幣小炸彈用的主要材料是人稱「阿姆斯壯配方」（Armstrong's mixture）的紙捲，在臺灣叫它火藥紙、在香港叫做砰砰紙。這種火藥在玩具店成捲出售（通常一捲五百發），好玩到小朋友都願意把口袋裡每一分一毛都掏出來買。當你學會製作這些砰砰作響的小玩意之後，也會整天掩著耳朵玩得不亦樂乎吧。

材料
1捆火藥紙（成捲）
透明或封箱膠帶

工具
護目鏡
耳塞

彈藥
1枚銅幣

步驟 1

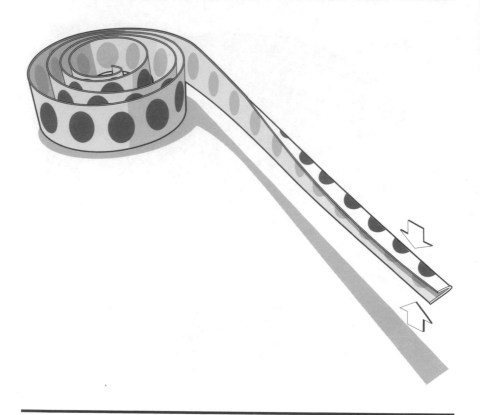

　　在一個平坦桌面上把紙火藥捲攤開，底紙折成對半。要用上幾發底火並沒有硬性規定，不過就我們的經驗，一枚銅幣小炸彈配上一百發底火就太超過了。

步驟2

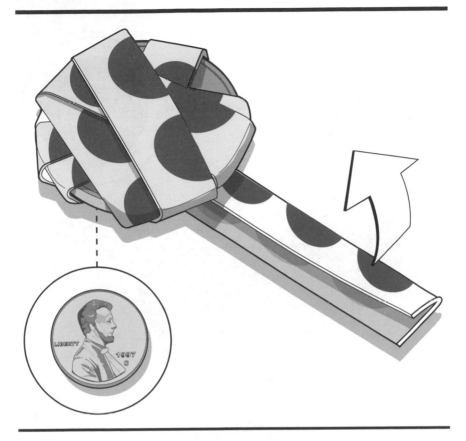

　　用對半折好的火藥紙捲緊緊地包起硬幣，一層疊一層地包成一丸。銅幣就是拋出小炸彈時的配重。

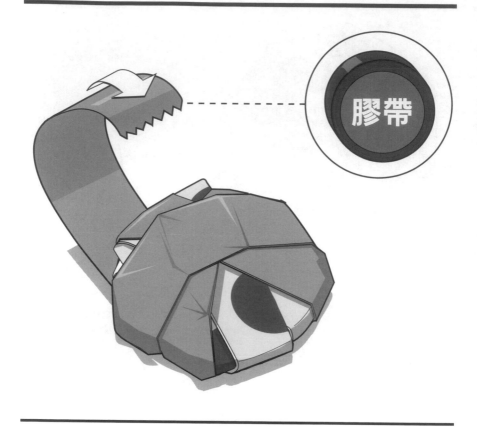

膠帶

　將被火藥紙包成一丸的銅板用膠帶纏起。不要包太厚，薄薄地、夠固定就可以。

　將小炸彈往屋外的人行道扔去，見識一下它的威力。爆炸時的聲音很大，所以請注意保護眼睛和耳朵。請謹記安全守則，絕不可把銅幣小炸彈朝別人扔。

小型炸彈與人員殺傷地雷

水炸彈

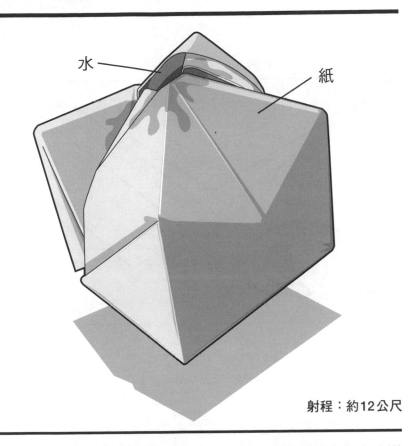

水

紙

射程：約12公尺

　　只用上一張紙就可以做出水炸彈。這裡我們會教你徒手變出一個容器的折紙技巧。裝滿水之後把握時間，在整個結構被水透穿之前把握時機朝目標一扔，淋他個落湯雞！

材料
1張紙

工具
剪刀

彈藥
水

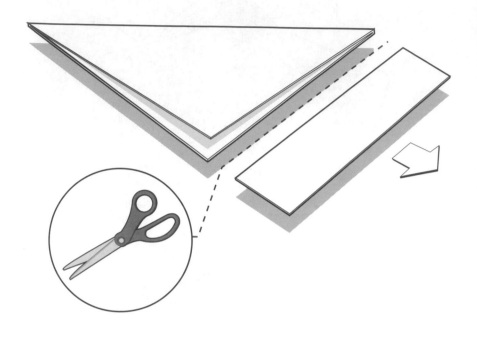

　　取一張紙，如上圖一樣，從一角折一個對邊。把等腰直角三角形之外的多餘部分用剪刀裁掉，這樣子我們就有了一張正方形的紙。

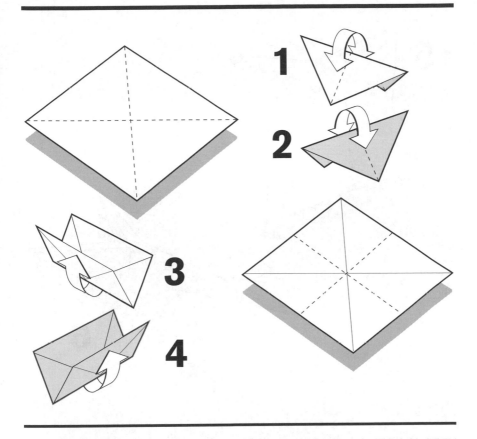

現在我們要來施展一些有挑戰性的功夫了！把剛才沒折到的另一個對角也折出一條線來，另外對邊折對半各一次，讓一張紙上從中心呈現出米字型的折痕。

水
炸
彈

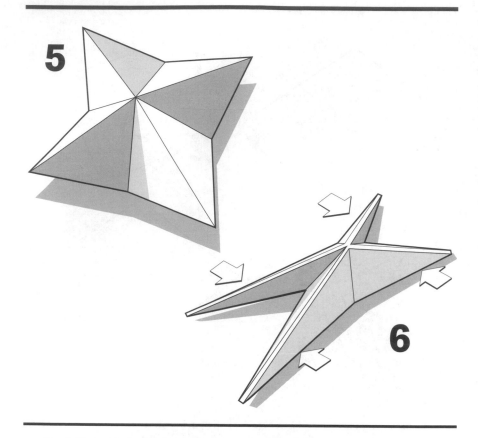

5

6

　　用手指收攏四個角，讓它變成四角星形，再把四個角的折痕捏實，方便之後的步驟之中，紙張能夠繼續維持已經折出的形狀。

　　把四個角雙雙疊起；此時疊成三角形的紙共有四層厚。

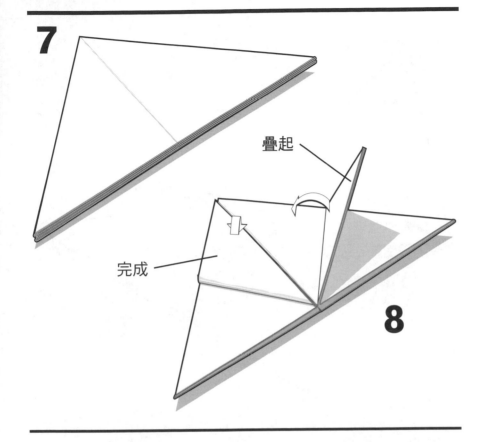

接下來，把這個厚厚的直角三角形平放在面前，底邊朝自己。把左右兩個底角往上朝頂角折；這一面會變成一個正菱形。一樣，把折線壓實。

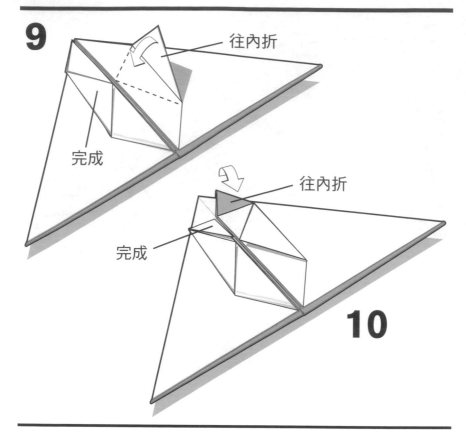

9

往內折

完成

往內折

完成

10

　　將菱形的左右兩端角往中線折；反折的部分呈現兩個更小的三角形。請參考上圖9。

　　接著，把頂角的兩片紙朝下折，塞進剛才新折出的三角形間隙之中，如圖10所示。

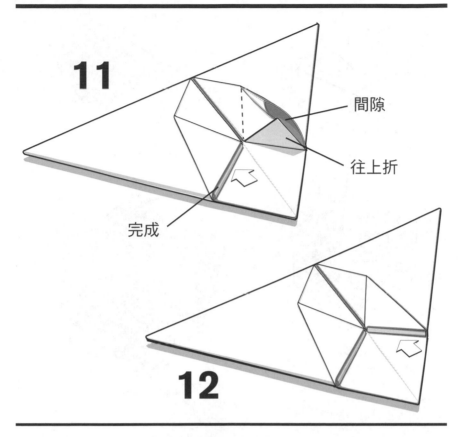

11

間隙

往上折

完成

12

將三角形轉180度，讓頂點正對著你。

　把在頂點交會的三角形挑起來，嵌入上一個步驟我們折出來、相鄰的間隙裡。要嵌得好，會花一點功夫，不要著急。接著，把另一邊也完成。

　這面做完之後，把三角形翻面，重複一次步驟4，5，6。

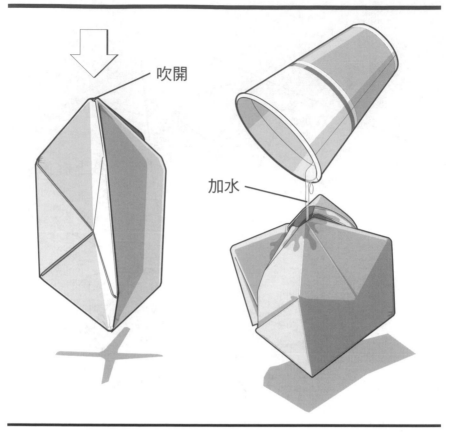

吹開

加水

現在，水炸彈的彈體終於完成了！往頂端的小洞裡用力吹一口氣，讓它鼓起來。如果張開過程不太順利，用手輕輕地順一下卡住的部位。

埋伏好之後，把水注進去；等目標接近時，一口氣拋出！灌進水的紙球撐不久，所以動作要一氣呵成。天下武功，唯快不破！

小型炸彈與人員殺傷地雷

闊刃劍地雷

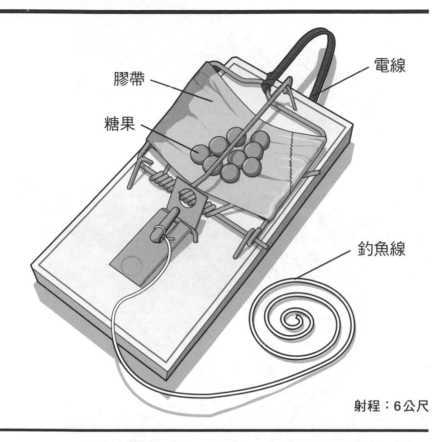

膠帶

糖果

電線

釣魚線

射程：6公尺

　　珍藏的糖果餅乾被偷吃了！怎麼辦？那就安置一具地雷給小偷一個教訓吧！這部闊刃劍地雷並不是射出讓敵人重傷的彈片，而是糖果；偷我以桃、報之以李，我們的胸襟修養可是更勝古人了，不是嗎？

　　這個基本的設計還可以有更多的進階應用，拿來佈成地雷陣、拿來虛張聲勢嚇人，要是玩起官兵捉強盜的遊戲，這些地雷的樂趣更是倍增。

材料
電線
1個捕鼠夾
膠帶（所有種類均可）
釣魚線／風箏線

工具
護目鏡
剪線鉗
釘書機

彈藥
小糖果

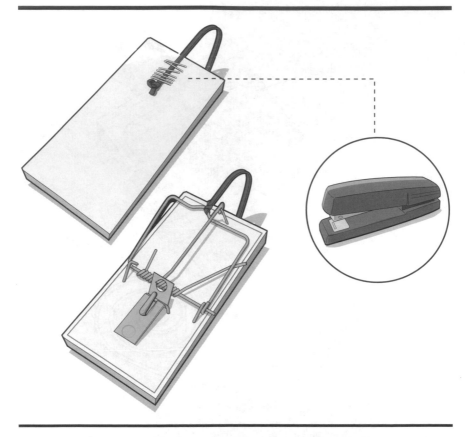

　　剪一段約15公分的喇叭線，我們要讓它跟彈簧連動。將一端綁在捕鼠夾的夾簧上，另一端則是用釘書針或者螺絲釘鎖牢在捕鼠夾的背面。固定前要調整一下留出的長度，讓它能限制夾簧被觸動時不完全閉上。夾簧被限制住的位置將會決定彈片飛行的方向。

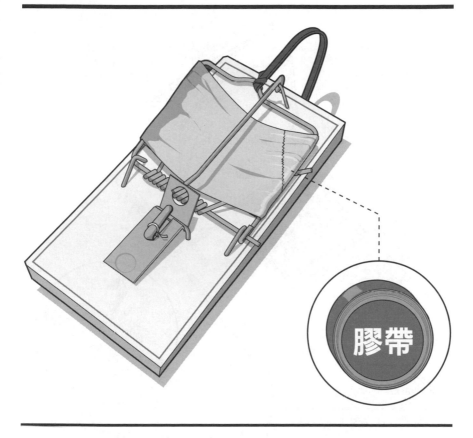

膠帶

　將捕鼠夾翻回正面。用膠帶在夾簧上黏出一個中央下陷的口袋形狀。這會用來承載你等下要拋出去的糖果彈。

闊刃劍地雷

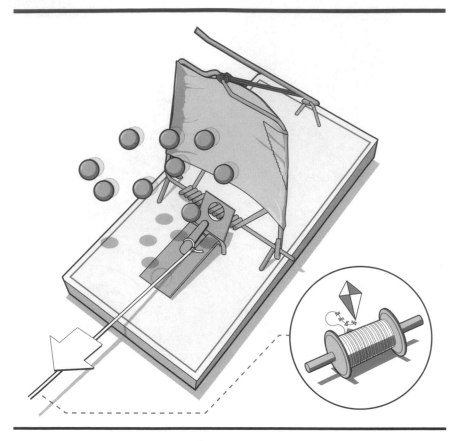

粗壯的弦線或者釣魚線都可以做為理想的觸發引線。將線的一端綁在捕鼠夾的餌鉤上，接下來就可以開始找尋理想的埋伏地點了。找好，用膠帶把捕鼠夾牢牢黏上。

將引線的另一頭繫穩、繃緊，不可鬆垂。小心把糖果放在膠帶做成的承載面上，就可以守株待兔了。

如果要把闊刀劍地雷裝設在戶外的話，可以用大螺絲釘鎖穿捕鼠夾的木板，這些突出的釘頭可以增加抓地力。

請記得戴上護目鏡。彈片的拋射方向有隨機性，因此請留意發射的後果。

小型炸彈與人員殺傷地雷

進階改造

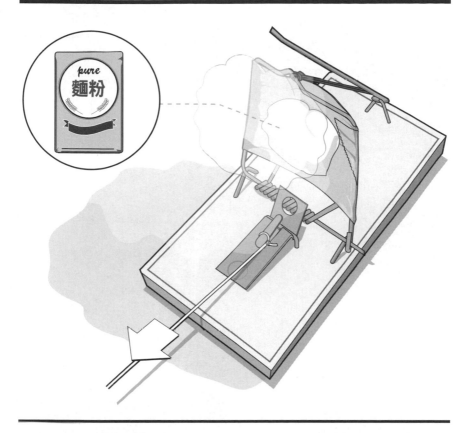

　　想要看到煙塵瀰漫嗎？在承載面上撒些麵粉就可以辦到。
這樣一來，當引線被牽動、彈片射出之際，麵粉會跟著製造
出一片迷濛煙霧。這樣的點綴，在室內有極佳的效果。

偽裝書以及標靶

偽裝書

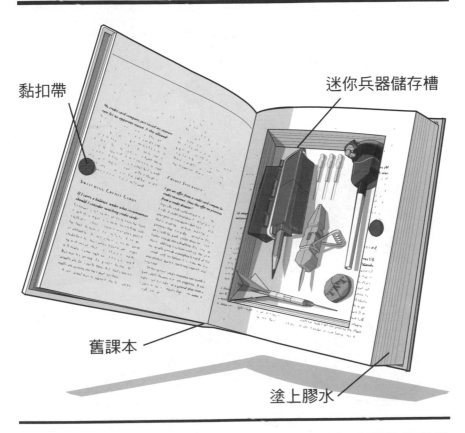

黏扣帶

迷你兵器儲存槽

舊課本

塗上膠水

　把一本書給挖空，將你精心製作的迷你小兵器給收藏進去。擺在房間裡，既出人意表又隱密妥當。拿來貯藏私房錢也是好主意，話說，經濟永遠是軍事的後盾！

材料

1本舊課本
1個塑膠封口袋
白膠（樹脂）
1個紙杯或塑膠杯
水
黏扣帶（魔鬼氈）

工具

油漆刷
尺
美工刀
鉛筆或原子筆

步驟1

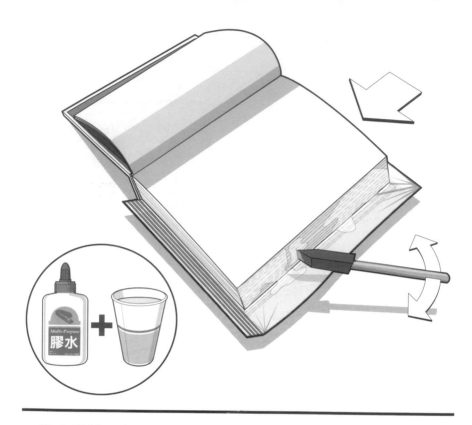

　　像夾書籤一般，把塑膠封口袋夾進我們要來改造的舊課本的最後幾頁之中。這是為了避免等下施工時膠水黏到其他地方、或者弄髒桌面。

　　在紙杯裡，將白膠用水溶開。稀釋的比例大概是兩份水兌上一份白膠。用油漆刷把白膠刷上課本的側邊。

步驟2

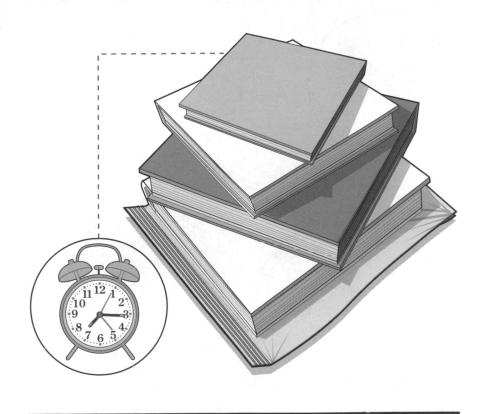

　　用膠水把書頁裹上一層之後，先等它乾。受潮的書頁會起皺，而我們可以在上面加些重物壓著，解決這個問題。另外拿幾本課本壓在上面，也是不錯的主意。

　　等膠水乾透，再塗上另一層膠。同樣，再靜置一陣子讓它變乾。

步驟 3

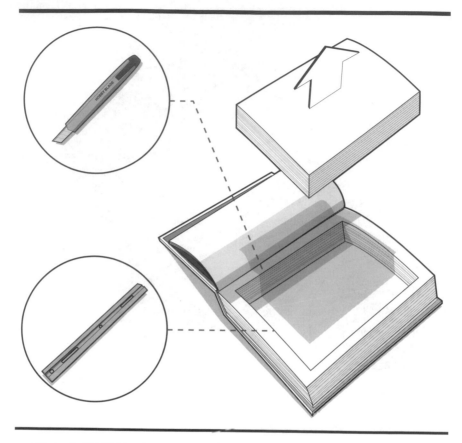

　　書本上膠風乾兩次之後，現在我們要動手把書本裡的隔間挖出來。用筆和尺先把範圍標好，再用美工刀沿著標線一點一點切下去。因為書的側邊已經先上了膠固定，才能挖得如此順利。

　　挖下來的殘頁是廢紙，送去回收吧。

步驟4

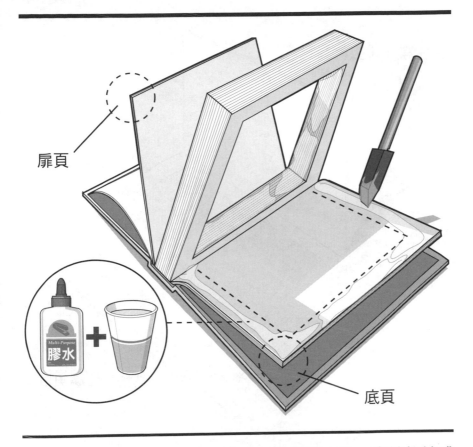

扉頁

底頁

膠水

現在我們要給這個隔間加底。如果是硬皮書，直接把挖成紙框的內頁黏上書皮。如果是軟皮書，不要挖透，用白膠把書本的最後幾頁牢牢黏成一塊紙板，作為堅固的底層。

步驟5

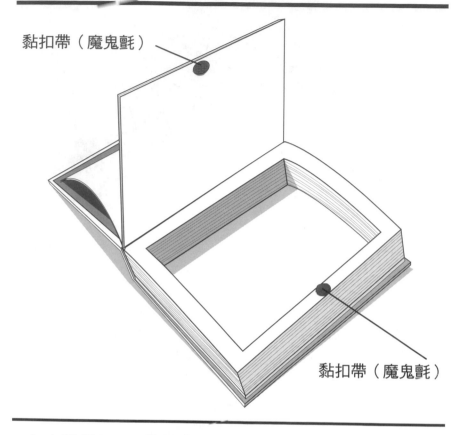

黏扣帶（魔鬼氈）

黏扣帶（魔鬼氈）

　　如上圖所示，用雙面膠帶在隔間的上蓋黏上一對黏扣帶。這樣一來，你手拿著這本偽裝書的時候，上蓋可以維持緊閉，偽裝不露餡、內容物也裝得更安全。

偽裝書以及標靶

紙城堡

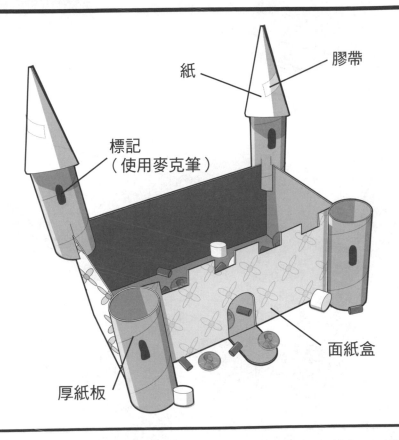

紙
膠帶
標記
（使用麥克筆）
面紙盒
厚紙板

　　這個面紙盒做成的城堡，可以容納你之前做的投石機大隊。拿城堡的中庭來當作棉花糖砲彈的標靶更是再適合不過。跟朋友各造一座，互相瞄準對方的城堡射擊，玩起來更有樂趣。

材料
1個面紙盒
4個捲筒衛生紙軸心
透明膠帶
1張紙

工具
剪刀
麥克筆

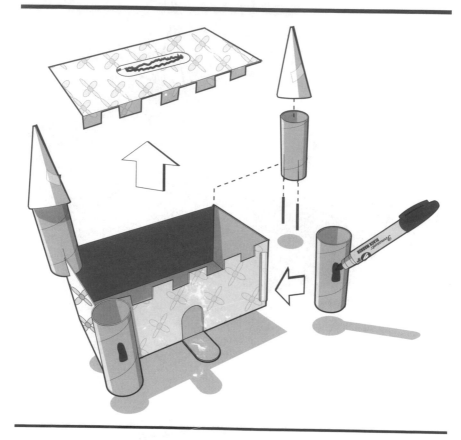

先把面紙盒的上層剪掉，再剪出傳統城堡的女牆（凹凸城牆）、門口的吊橋。

接下來，四個捲筒衛生紙的軸心是塔樓。前面的兩個，用膠帶貼上就可以。後面兩個較高的塔樓是嵌上去的；參考上圖，在紙筒壁上剪出兩道凹槽即可。用印表紙做出兩個紙錐，剪出適當的大小，再用膠帶黏上後塔樓。

用麥克筆在城牆和塔上畫出窗口標記，作為裝飾。

鳥形靶

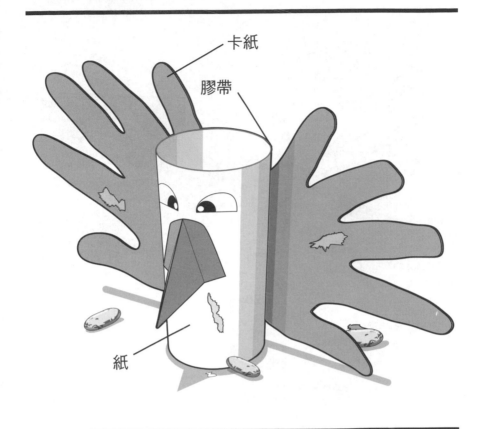

卡紙

膠帶

紙

　　閉上眼睛，讓想像力發揮一下：你靜悄悄地埋頭躲在一處，等待著傳說中的食人恐怖鳥進入射程。突如其來的一陣聲響從背後傳來，你才驚覺到：恐怖鳥居然飛到了頭頂上方！拽出豆豆砲，彈無虛發地把這怪獸給擺平。帶著戰果，把這驚悚刺激的冒險故事說給朋友聽吧！

材料
卡紙
1 張紙
1 個空鋁罐
膠帶（任何種類均可）

工具
麥克筆
剪刀

步驟 1

　　我們先做鳥的雙翼。把手張開、平放在早餐穀片外盒的卡紙上，描出輪廓來。用剪刀剪下，當作鳥的雙翼。接著做鳥嘴：用卡紙折出一個小三角形，就活像食人鳥的尖啄。

　　接下來，把紙兜著鋁罐捲起，這就是鳥的身體。捲好之後貼上膠帶固定，再把剛才做好的翅膀、尖啄給黏上。鋁罐可以繼續留著，抽掉也無妨。

　　畫龍也要點睛，用麥克筆給食人鳥加上一對凶神惡煞的眼睛吧！

外星人

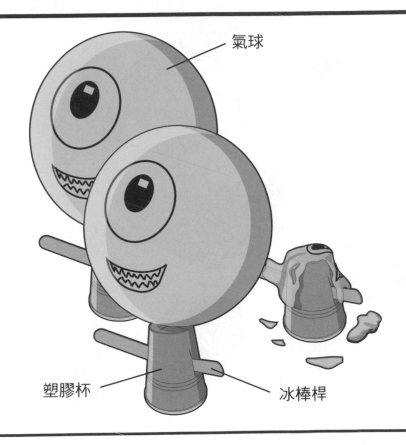

氣球

塑膠杯

冰棒桿

　　火星人入侵的電影已經不知道演過幾百回了。這麼巨大的威脅，怎麼能夠視若無睹呢？平時就該多加演練；古人說得好：不恃敵之不來，恃吾有以待之。火星人的科技再高明，只要我們直攻弱點，還是可以突破，準備好你的鞋帶飛鏢吧！雖然結構簡單，尖銳的鏢頭可是夠把這些泡泡頭外星人一招斃命了。

材料
2個以上的紙杯或塑膠杯
1個以上的氣球
2根以上的冰棒桿

工具
美工刀
麥克筆

　　杯口朝下，在杯底中央切出交叉的兩道口。把氣球吹起來，綁好後卡進這個口中固定住。接下來，在杯壁側邊開兩道口，插進冰棒桿，就是怪物的兩隻手臂了。

　　別忘了用麥克筆在氣球上發揮一下你的美術天分。畫上千奇百怪的臉，愈怪愈有趣！

吸血獸

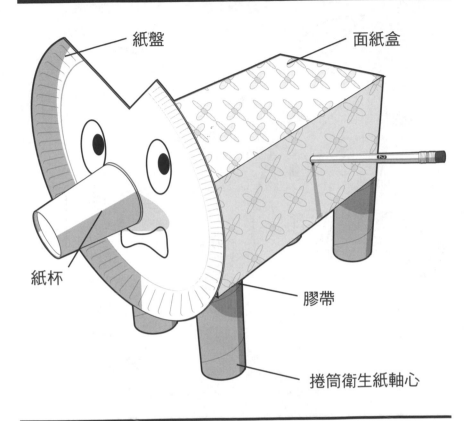

紙盤

面紙盒

紙杯

膠帶

捲筒衛生紙軸心

　　美洲的鄉土傳說之中，有種吸血怪獸叫做卓柏卡布拉（chupacabra），平時躲在陰暗處，用長長的鼻子嗅著氣味，再突然衝出來把獵物撂倒。這回我們找到了牠的洞穴，帶著隨身的迷你兵器，我們決定潛入一探究竟。跟怪獸對決，你準備好了嗎？

材料
1個面紙盒
膠帶（任何種類均可）
4個捲筒衛生紙軸心
1個紙盤
1個紙杯

工具
剪刀
麥克筆

步驟1

　　把面紙盒翻過來。用膠帶把四個衛生紙軸心給黏上，當作四隻腳。從紙盤上裁去一小塊扇形，缺口看起來活像是一對耳朵。紙杯當作鼻子，黏在紙盤的中心；再把紙盤黏上面紙盒，頭就成形了。用麥克筆在紙盤上畫出凶狠的眼睛和血盆大口，大功告成。

穀片盒標靶

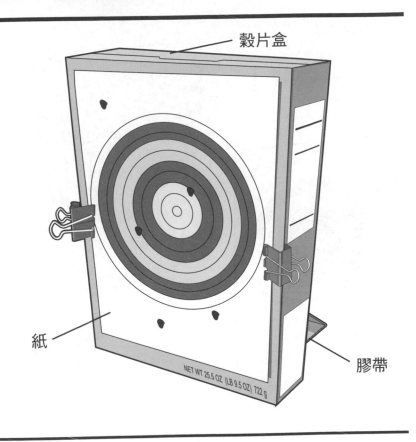

穀片盒

紙

膠帶

NET WT 25.5 OZ (LB 9.5 OZ) 722 g

　　穀片盒標靶是神射手養成的良師益友。貼上靶紙，用來當作塑膠BB彈或者筆芯箭矢的瞄準目標；每天練習不輟，必能成大器。

材料
1個穀片紙盒
膠帶（任何種類均可）
2個文件夾（任何尺寸均可）
1張紙

工具
美工刀
剪刀

步驟 1

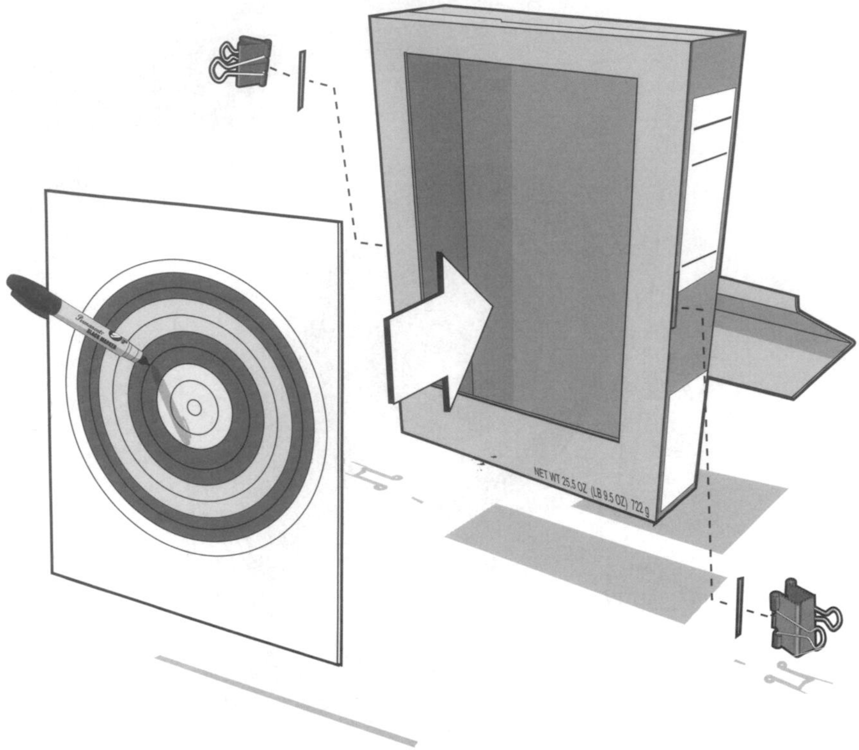

用美工刀將穀片盒的正面切下來，參考上圖，折成兩半，再用膠帶黏貼在紙盒背面當作支撐腳架。在側邊切出兩道溝槽，讓文件夾可以伸得進去夾住靶紙。靶紙可以自己畫，或者用下一頁的範例影印。

正式10呎（約3公尺）距離用靶紙

武器名稱 _____

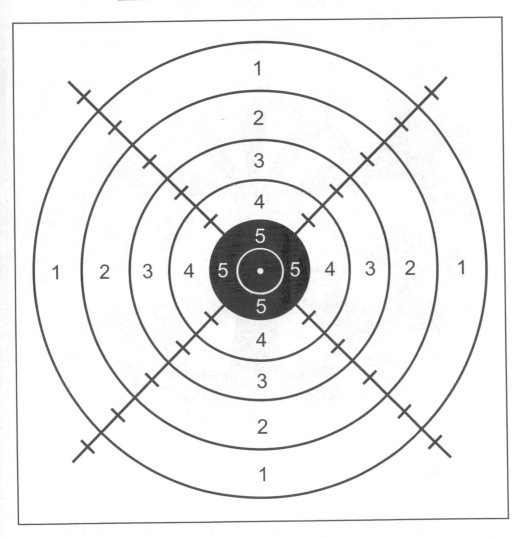

射手名 _____ 日期 _____

簽名 _____

（用影印機放大複印）

飛鏢用靶紙

武器名稱 _____

	20	19	18	17	16	15	紅心
P1	○○○	○○○	○○○	○○○	○○○	○○○	○○
P2	○○○	○○○	○○○	○○○	○○○	○○○	○○
P3	○○○	○○○	○○○	○○○	○○○	○○○	○○

射手名 _____ 日期 _____

簽名 _____

（用影印機放大複印）

殭屍標靶

（用影印機放大複印）

居家常備の大規模
BUILD IMPLEMENTS OF
SPITBALL WARFARE
毀滅小兵器
MINI WEAPONS
OF MASS DESTRUCTION

MINI WEAPONS OF MASS DESTRUCTION 2:
BUILD IMPLEMENTS OF SPITBALL WARFARE
by JOHN AUSTIN
Copyright © SUSAN SCHULMAN LITERARY AGENCY, INC
This edition arranged with SUSAN SCHULMAN LITERARY AGENCY, INC
through Big Apple Agency, Inc., Labuan, Malaysia.
Traditional Chinese edition Copyright:
2018 MAPLE PUBLISHING CO., LTD.
All rights reserved.

出版／楓樹林出版事業有限公司
地址／新北市板橋區信義路163巷3號10樓
郵政劃撥／19907596 楓書坊文化出版社
網址／www.maplebook.com.tw
電話／02-2957-6096 傳真／02-2957-6435
作者／強・奧斯丁
翻譯／詹君朴
責任編輯／喬郁珊 內文排版／謝政龍
總經銷／商流文化事業有限公司
地址／新北市中和區中正路752號8樓
網址／www.vdm.com.tw
電話／02-2228-8841 傳真／02-2228-6939
港澳經銷／泛華發行代理有限公司
定價／270元
出版日期／2018年2月

國家圖書館出版品預行編目資料

居家常備の大規模毀滅小兵器／強・奧斯
丁作；詹君朴翻譯. -- 初版. -- 新北市：楓
樹林, 2018.02 面； 公分
譯自：Mini weapons of mass destruction
ISBN 978-986-5688-92-9（平裝）

1. 玩具 2. 手工藝

479.8 106022369